中国烟草
CHINA TOBACCO

卷烟工艺规范

U0219873

国家烟草专卖局　颁发 —————

中国轻工业出版社

图书在版编目（CIP）数据

卷烟工艺规范 / 国家烟草专卖局颁发. —北京：中国轻工业
出版社，2023.4

ISBN 978-7-5019-8637-8

Ⅰ. ①卷… Ⅱ. ①国… Ⅲ. ①卷烟－生产工艺－技术
规范—中国 Ⅳ. ①TS452-65

中国版本图书馆CIP数据核字（2016）第297778号

责任编辑：张　靓　 责任终审：劳国强　 封面设计：锋尚设计
版式设计：王超男　 责任校对：吴大朋　 责任监印：张　可

出版发行：中国轻工业出版社（北京东长安街6号，邮编：100740）
印　　刷：北京君升印刷有限公司
经　　销：各地新华书店
版　　次：2023年4月第1版第4次印刷
开　　本：787×1092　1/16　印张：14
字　　数：224千字　 插页：3
书　　号：ISBN 978-7-5019-8637-8　 定价：78.00元
邮购电话：010-65241695
发行电话：010-85119835　 传真：85113293
网　　址：http://www.chlip.com.cn
Email：club@chlip.com.cn
如发现图书残缺请与我社邮购联系调换
230419K1C104HBW

编写委员会

———————

主　　编：徐维华　罗登山

副 主 编：雷樟泉　李佳男　刘朝贤　张大波

编写人员：罗登山　刘朝贤　张大波　王　兵　张　博
　　　　　童亿刚　陈良元　姚光明　陶铁托　郑　飞
　　　　　王　毅　谭国治　易　浩　孔　臻　张占涛
　　　　　温若愚　李跃锋　丁美宙　张　超　米　强
　　　　　常纪恒　梁　伟　王宏生　刘艳菊　冯志斌
　　　　　江　威　李　栋　张胜华　张云莲　李晓刚
　　　　　叶明樵　陈河祥

前言

　　《卷烟工艺规范》（2003版）自发布实施以来，对更新行业工艺技术理念、提高卷烟产品质量、降低烟叶原料和烟用材料消耗以及推进卷烟减害降焦起到了重要作用，特别是提出的"三个转变"以及通过卷烟工艺提升产品感官质量的技术思路，显著提高了过程质量和产品质量的稳定性，进一步推动了我国卷烟加工工艺技术水平的提升。

　　近年来，随着特色工艺战略课题和中式卷烟制丝生产线重大专项的实施，卷烟工艺技术的自主创新能力不断增强、成果不断涌现，以"精细化加工、智能化控制和系统化设计"为核心的卷烟加工水平不断提升，卷烟品牌风格特征进一步凸显，原料使用价值得到提升，行业卷烟工艺技术水平达到了前所未有的高度。

　　为了进一步促进卷烟技术水平的提升，有必要对《卷烟工艺规范》（2003版）在技术思想、规范内容、指标要求等方面进行补充和完善。为此，国家烟草专卖局组织技术力量，通过调研测试、工艺验证、讨论修改，完成了《卷烟工艺规范》的修订工作。

　　本《卷烟工艺规范》突出了以卷烟产品为中心、加工工艺系统化的大工艺理念，在挖掘原料使用价值、强化质量成本控制、注重加工条件保障、深化过程控制、加强工艺质量风险评估和控制等方面指明了原则与要点。围绕大工艺理念，在内容上进行了纵横拓展，形成了更加完整的卷烟加工工艺体系，新增了工艺设计、打叶复烤、工艺管理、过程检测与测试章节，以及片烟醇化、滤棒贮存固化、复合、发射等工序，涵盖了卷烟生产的设计、加工、管理全过程、全体系。希望卷烟加工、打叶复烤等企业在《卷烟工艺规范》的实施过程中，深刻理解《卷烟工艺规范》强调的技术与管理内涵，结合企业生产实际和产品特征，灵活使用本《卷烟工艺规范》，进一步彰显品牌风格特征、提升企业精益制造水平。

本《卷烟工艺规范》是对近十年来工艺发展技术成果的系统化集成，是在相当长时间内指导卷烟生产的普遍性规范文件，相信通过本《卷烟工艺规范》的贯彻实施，必将进一步引领我国卷烟工艺技术的发展，提升行业整体实力，增强中式卷烟的核心竞争力。

二〇一六年十二月

目录

1

———————

总则和技术经济指标

卷烟工艺是将卷烟原料和烟用材料等加工制造成卷烟产品的方法和过程。《卷烟工艺规范》是科研成果和生产实践经验的系统集成，体现满足卷烟生产加工的先进工艺理念、加工技术和管理经验，规范卷烟工艺设计、工艺加工、工艺管理等方面基本要求和技术要点，涵盖烟叶打叶复烤、原料制丝、烟支卷接包装及滤棒成型和复合、烟用材料要求等内容。企业应围绕卷烟品牌价值和原料使用价值提升，推进卷烟生产设计系统化、加工精细化、控制智能化，全面提升卷烟生产"优质、高效、低耗、安全、环保"水平。

1.1 任务和目的

1.1.1 制造符合产品质量和品牌风格特征要求的卷烟产品，满足消费者需求。

1.1.2 合理配置技术资源，优化生产流程，提高生产效能，控制生产成本。

1.1.3 有效利用烟叶原料，保障品牌可持续发展。

1.1.4 深化过程控制，稳定产品质量。

1.1.5 推进能源节约，减少环境污染。

1.2 原则和要点

1.2.1 树立卷烟产品为中心的思想。全面强化产品风格彰显与品质提升，打造满足品牌要求的特色加工工艺。

1.2.2 形成系统化和大工艺理念。有机协调产品开发、工艺设计、工艺加工、工艺管理之间的相互关系，充分发挥上下游技术和管理的协同作用，提升企业工艺制造力。

1.2.3 充分发挥原料使用价值。深化配方打叶与分组加工技术应用，拓宽卷烟原料使用范围，提升企业规模化与精细化加工水平。

1.2.4 强化质量成本控制。选择适合品牌需求的卷烟生产加工技术和装备；采用适合企业自身需求的工艺与质量管理方法，提升企业精益制造水平。

1.2.5 注重条件保障。全面提升关键设备工艺性能点检水平，水、电、蒸汽、压缩空气等条件符合工艺设计要求；关键设备及在线仪器、仪表运行稳定、准确、可靠；在线检测、数据采集与处理方法科学合理。

1.2.6 深化过程控制。优化工艺参数与质量指标设计，深化控制指标向控制参数转变、结果控制向过程控制转变、人工控制经验决策向自动控制科学决策转变，提高过程质量的稳定性、均匀性、协调性和一致性。

1.2.7 加强工艺质量风险评估和控制，防止产品质量缺陷。

1.2.8 综合利用减害降焦技术措施，提高卷烟产品的安全性。

1.3 技术经济指标

1.3.1 质量指标

1.3.1.1 在制品质量指标

　　a.烟片质量指标要求见表1-1。

表1-1 烟片质量指标要求 单位：%

指标		要求	检测点
结构	>25.4mm×25.4mm	<40.0	烟片复烤后
	>12.7mm×12.7mm	≥80.0	
	<2.36mm×2.36mm	<0.5	
含水率		10.5～13.0	装箱后
批内含水率极差		≤1.0	
批内烟碱变异系数		≤5.0	
箱内密度偏差率(DVR)		≤8.0	
叶含梗率		≤1.5	
含杂率	一类杂物	0	
	其他类杂物	<0.00665	

b. 烟梗质量指标要求见表1-2。

表1-2 烟梗质量指标要求 单位：%

指标		要求	检测点
结构	>20mm	≥85.0	装箱后
	<6mm	<5.0	
含水率		10.0～13.0	

c. 叶丝质量指标要求见表1-3。

表1-3 叶丝质量指标要求

指标	要求	检测点
填充值/(cm³/g)	≥4.0	叶丝干燥后
填充值允差/(cm³/g)	±0.3	
整丝率/%	≥80.0	
碎丝率/%	≤2.0	
含水率标准偏差/%	≤0.17	
含水率允差/%	±0.5	

注：含水率标准偏差样品数应不少于30个（下同）。

d. 梗丝质量指标要求见表1-4。

表1-4   **梗丝质量指标要求**

指标	要求	检测点
填充值/（cm^3/g）	≥6.5	
填充值允差/（cm^3/g）	±0.5	
纯净度/%	≥99.0	
整丝率/%	≥85.0	贮梗丝后
碎丝率/%	≤2.0	
含水率标准偏差/%	≤0.17	
含水率允差/%	±0.5	

e. 膨胀叶丝质量指标要求见表1-5。

表1-5   **膨胀叶丝质量指标要求**

指标	要求	检测点
填充值/（cm^3/g）	≥6.0	
填充值允差/（cm^3/g）	±0.5	
纯净度/%	≥99.0	
整丝率/%	≥75.0	
碎丝率/%	≤4.0	贮膨胀叶丝后
含水率/%	11.5～14.0	
含水率允差/%	±0.5	
外观	无结团及炭化	

f. 烟丝质量指标要求见表1-6。

表1-6   **烟丝质量指标要求**

指标	要求	检测点
填充值/（cm^3/g）	≥4.2	
填充值允差/（cm^3/g）	±0.3	
纯净度/%	≥99.0	
整丝率/%	≥80.0	贮烟丝后
碎丝率/%	≤2.0	
含水率标准偏差/%	≤0.17	
卷制过程整丝率变化率/%	90.0～95.0	

1.3.1.2 卷烟产品质量指标

a. 卷烟产品物理质量指标要求见表1-7。

表1-7 卷烟产品物理质量指标要求

指标	要求
烟支长度/mm	设计值±0.5
烟支圆周/mm	设计值±0.2
烟支吸阻/Pa	设计值±120.0
烟支硬度/%	设计值±8.0
烟支重量标准偏差/mg	≤21.0
烟支吸阻标准偏差/Pa	≤40
烟支硬度标准偏差/%	≤2.5
烟支密度/（mg/cm^3）	≤235
烟支含水率/%	设计值±0.5
烟支含末率/%	<3.0
端部落丝量/（mg/支）	≤8.0
滤嘴通风率/%	设计值±10

b. 卷烟产品烟气质量指标要求见表1-8。

表1-8 卷烟产品烟气质量指标要求 单位：mg

指标	要求
批内焦油量波动值	1.0
批内烟碱量波动值	0.15

1.3.2 经济指标

1.3.2.1 主要原材料损耗和消耗

a. 原料损耗与消耗指标要求见表1-9。

表1-9 原料损耗和消耗指标要求

指标	要求
打叶复烤叶片损耗率/%	≤5.0
卷烟制丝、卷接包总损耗率/%	≤5.0
万支卷烟原料标准消耗/kg	≤6.9

注：原料标准消耗是（烟支长度+滤嘴长度）×烟支圆周为（59mm+25mm）×24.3mm、烟丝含水率为12%条件下的原料耗用量。

b. 烟用材料损耗指标要求见表1-10。

表1-10 烟用材料损耗指标要求 单位：%

指标	要求
卷烟纸损耗率	≤1.5
滤棒损耗率	≤1.0
接装纸损耗率	≤1.5
商标纸损耗率	≤0.5

1.3.2.2 生产效率

生产效率指标要求见表1-11。

表1-11 生产效率指标要求 单位：%

指标	要求
主要设备有效作业率	≥95.0
生产线综合有效作业率	≥85.0

2

工艺设计

2.1 目标与原则

2.1.1 满足产品设计要求和生产组织需求，制造出质量合格的产品。

2.1.2 兼顾加工质量和加工成本，简化生产流程，减少单位产品制造投入。

2.1.3 以产品需求为中心，系统优化加工方法、工艺流程、制造能力、工艺参数、工艺设备、智能控制、通用条件等内容和因素。

2.1.4 统筹考虑打叶复烤、制丝、卷接包等上下游工艺，实现协同设计。

2.1.5 以适用性和经济性为原则，积极采用先进成熟的新工艺、新技术、新设备。

2.1.6 运用柔性制造技术，满足卷烟订单加工、敏捷生产。

2.1.7 融合现代物流技术、信息技术和控制技术，实现卷烟制造智能化。

2.1.8 运用低耗环保技术，实现资源和能源节约，减少环境污染。

2.1.9 采用降焦减害和安全防范技术，提高卷烟产品安全性。

2.2 设计依据确定

2.2.1 确定生产规模

应根据行业和企业规划、产能布局、经济规模等因素，确定打叶复烤年加工量和卷烟年生产量。

2.2.2 确定产品纲领

应根据市场情况、企业发展战略等因素，确定加工烟叶原料结构、生产卷烟品牌产品类型、结构比例、规格比例等内容。

2.2.3 确定工艺需求

应根据产品纲领和产品设计要求，确定产品风格特征、原材料需求及消耗、产品焦油量及波动值、配方批次量及最小配方比例、分组加工模块数量及模块比例、掺配比例、在制品贮存时间、加香及加料比例等内容。

2.2.4 确定工作制度

应根据国家法规及企业生产实际，确定年工作日、生产班次、单班生产时间等内容。

2.2.5 确定能力核算参数

应根据行业水平和企业生产实际，确定生产线综合有效作业率、设备有效作业率、峰值系数等内容。

2.3 加工方法选择

2.3.1 打叶复烤

2.3.1.1 应满足打叶复烤后烟片模块的规模化、均质化、纯净化以及减少香气损失的要求。

2.3.1.2 根据烟叶原料状况和卷烟加工需求，采用下列一种或一种以上加工方法：

　　——全叶打叶；

　　——分切打叶；

　　——单等级打叶；

　　——配方打叶。

2.3.1.3　分切打叶时应结合烟叶特性、卷烟加工需求、生产成本等因素，确定分切段数与比例、分切后混合加工或分类加工模式等。

2.3.1.4　配方打叶模块构建应统筹考虑卷烟品牌需求、烟叶特性及模块规模等因素。

2.3.1.5　配方打叶应统筹考虑均质化、生产成本等因素，将模块划分为若干批次加工。

2.3.2　卷烟加工

2.3.2.1　根据卷烟产品纲领和设计要求，结合生产规模、设备效率、运行成本等因素，采用下列一种或一种以上的加工方法：

　　——全配方加工；

　　——叶片分组加工；

　　——叶丝分组加工；

　　——并行分组加工；

　　——串行分组加工。

2.3.2.2　卷烟产品烟叶原料特性差别较大时，宜采用分组加工模式。分组加工模块数量不宜超过3个。

2.3.2.3　叶片分组加工时，不同模块重点在回潮、加料工序实现差异化加工，模块配比宜采用总量比例掺配模式。

2.3.2.4　叶丝分组加工时，不同模块重点在回潮、加料、干燥工序实现差异化加工，模块配比可采用瞬时比例掺配或总量比例掺配模式。

2.4 工艺流程设置

2.4.1 应根据产品加工需求，设计流程的工段组成，并确定各工段的工艺任务。

2.4.2 应根据产品加工需求和工段任务，设计各工段的工序组成，可通过设置必选和可选工序，形成不同流程路线。

2.4.3 在满足工段任务前提下，统筹考虑上下游工序任务，尽量减少工序数量。

2.4.4 打叶复烤工艺流程设置

2.4.4.1 应设置润叶、叶梗分离、杂物剔除、复烤、包装等工序与工段。可设置真空回潮、选叶、铺叶解把、切断、烟叶原料混配等工序。

2.4.4.2 采取分切打叶时应设置切断工序，采取配方打叶时应设置烟叶原料混配工序。

2.4.4.3 应强化杂物剔除，设置剔除工序，提高烟叶原料纯净度。

2.4.5 制丝工艺流程设置

2.4.5.1 应设置烟片处理、制叶丝、制梗丝、掺配加香等工段。可设置白肋烟处理、叶丝膨胀（干冰法）、造纸法再造烟叶处理等工段。

2.4.5.2 烟片处理工段应设置片烟醇化、开箱、分片、松散回潮、加料、配叶贮叶等工序。可设置真空回潮、烟片除杂、烟片混配等工序。

2.4.5.3 制叶丝工段应设置切叶丝、叶丝膨胀干燥等工序。可设置烟片增温、叶丝加料、叶丝风选等工序。

2.4.5.4 制梗丝工段应设置烟梗回潮、压梗、切梗丝、梗丝膨胀干燥、梗丝风选等工序。可设置梗丝加料、梗丝加香等工序。

2.4.5.5 掺配加香工段应设置烟丝掺配、加香、贮丝等工序。可设置混丝工序。

2.4.5.6 白肋烟处理工段应设置烟片增温、加里料、白肋烟烘焙、加表料等工序。

2.4.5.7 叶丝膨胀（干冰法）工段应设置叶丝浸渍、松散、膨胀、回潮、介质(二氧化碳)回收等工序。可设置加香加料、风选等工序。

2.4.6 卷接包装工段应设置烟丝配送、烟支卷接、烟支包装和装箱等工序。

2.4.7 滤棒成型工段应设置滤棒成型、固化、发送等工序。可设置滤棒复合工序。

2.5 生产线配置与制造能力核定

2.5.1 应根据生产规模、工作制度、原料材料消耗、有效作业率等因素，计算确定总体设计生产能力。

2.5.2 应统筹考虑总体设计生产能力、产品纲领、加工需求、加工方法、设备能力等因素，配置生产线类别、数量及其设计能力。在满足上述因素的基础上，生产线配置数量应尽可能少。

2.5.3 打叶复烤生产线配置

2.5.3.1 打叶复烤总设计生产能力计算见"附录B 工艺设计指标计算公式"。

2.5.3.2 打叶复烤单线设计生产能力不宜超过18000kg/h。

2.5.3.3 分切打叶时，应根据分切比例和分切后的加工模式配置相应生产线。

2.5.4 制丝生产线配置

2.5.4.1 制丝总设计生产能力计算见"附录B 工艺设计指标计算公式"。

2.5.4.2 应根据制丝总体设计生产能力、卷烟原料配方比例，配置烟片处理、制叶丝、制梗丝、掺配加香等工段及工序的设计生产能力。

2.5.4.3 采用分组加工时，烟片处理工段、制叶丝工段设计生产能力的配置应考虑分组加工对生产线综合有效作业率的影响。其配置数量及单线设计生产能力应根据分组加工模式、模块数量及模块比例确定。

2.5.5 卷接包总设计生产能力计算见"附录B 工艺设计指标计算公式"。卷接包生产线配置应考虑卷烟产品规格比例、设备轮休备用等因素。

2.5.6 滤棒成型总设计生产能力计算见"附录B 工艺设计指标计算公式"。滤棒成型生产线配置应考虑滤棒规格比例、设备轮休备用等因素。

2.5.7 制造能力核定

2.5.7.1 应对工艺加工能力进行核定。核定内容包括设备工艺制造能力、工序工艺制造能力、全流程工艺制造能力。工艺加工能力核定计算方法见附录B.5。

2.5.7.2 应对工厂实际生产能力进行核定。工厂实际生产能力是流程制造能力的具体运用和实际表现。工厂实际生产能力核定计算方法见附录B.6。

2.6 工艺参数制定

2.6.1 工艺参数制定，应以卷烟产品设计要求为目标，以工序加工对在制品及成品质量的影响评价为依据。

2.6.2 工艺参数一般包括整线技术指标参数、工段指标参数、工序指标参数、设备控制参数等。

2.6.3 工艺参数确定应兼顾感官质量指标和物理质量指标。

2.6.4 工艺参数确定应考虑工段之间、工序之间、参数之间的相互影响和有机联系。

2.6.5 通过工艺参数对质量的影响程度评价，将工艺参数进行分类。一般分为关键参数、主要参数和一般参数。

2.6.6 在满足产品和在制品质量水平基础上，结合参数分类、设备性能、运行成本等因素合理确定工艺参数范围及波动值。

2.6.7 同一卷烟产品在不同生产点加工时，应根据生产点工艺流程、设备及环境条件，制定相应工艺参数，保证卷烟产品质量一致性。

2.6.8 工艺参数应根据加工对象、产品质量、生产运行、季节变化等情况进行动态调整。

2.7 工艺设备选型

2.7.1 以满足工序任务为前提，优先选用能满足前后多工序或工段任务的一体化设备。

2.7.2 应以生产线能力为基准，核算工序加工能力。打叶复烤和制丝应逐道工序核算在制品流量。

2.7.3 应根据工艺任务和工艺参数，确定设备类型和型号；根据工序能力核算结果和设备额定能力，确定设备数量。

2.7.4 各工段及工序设备的能力应相互匹配和平衡。根据产品加工需要，某一工段或工序加工能力可大于生产线额定能力。

2.7.5 应选用节能环保、安全可靠、方便操作和维护的设备。

2.7.6 打叶复烤设备选型需符合下列要求：
——打叶机应满足柔打细分、叶片结构均匀、节能等要求；
——复烤机应满足低温慢烤，水分均匀、保持烟叶香气等要求；
——预压打包机应满足箱内密度偏差率低、重量精度高等要求。

2.7.7 制丝设备选型宜优先考虑下列因素：
——松散回潮设备：松散率、水分均匀性、回潮强度；
——加料加香设备：加料均匀性、加料精度、料液损失量；
——切丝设备：叶丝宽度均匀性、松散性；
——干燥设备：干燥强度、水分均匀性。

2.7.8 卷接包设备选型宜统筹考虑卷制包装质量、工艺损耗量、额定能力、噪声污染、能源消耗等因素。

2.7.9 滤棒成型及发射设备选型宜统筹考虑滤棒质量、材料损耗率、额定能力、噪声污染、能源消耗等因素。

2.7.10 应根据物料形态和性质、输送距离等因素选择合适物料输送设备。应确保连接设备在完成工艺任务的同时，不损坏或尽可能少地损坏在制品的工艺品质。

2.7.11 工艺设备与在制品接触部分的材质应符合食品安全卫生要求。

2.8 通用条件确定

2.8.1 物料贮转与计量

2.8.1.1 采用配方打叶时，宜采用自动化物流系统实现烟叶的贮转和自动化配方。

2.8.1.2 卷烟加工原料配方、材料平衡、成品周转宜采用自动化物流系统。

2.8.1.3 采用分组加工时，可利用叶片箱贮、叶丝箱贮物流系统，实现模块的自动化贮转和精确掺配。

2.8.1.4 在制品采用柜式贮存时，同一批次物料，在烟片混配、贮叶、贮丝工艺环节应存入同一贮柜。

2.8.1.5 在制品贮存装置的大小应根据投料批量、物料容重、贮存高度等因素确定；贮存装置的数量应根据贮存时间、生产调度等因素确定。

2.8.1.6 打叶复烤、制丝生产线主要工位应设置在制品、香精香料、水、汽等流量计量、流量控制装置，并应根据不同工况采用不同控制模式，计量精度应不大于0.5%，控制精度应不大于1.0%。

2.8.1.7 打叶复烤、制丝生产线主要工位应设置在线水分、温度仪。在线水分仪示值误差，中高水分（≥15%）物料不大于0.5%，低水分（<15%）物料不大于0.3%；在线温度仪示值误差不大于2.0℃。

2.8.2 能源条件

2.8.2.1 供水水压应满足加工设备的要求。供水水质应符合GB 5749—2006

《生活饮用水卫生标准》的规定，工艺用水、烟用添加剂调配用水总硬度不宜超过90mg/L（以$CaCO_3$计）。

2.8.2.2　卷烟生产电能质量应符合设备、装置启动和正常运行的要求，动力用电电压波动范围应小于10%，频率波动范围应小于1%，谐波畸变应小于10%。

2.8.2.3　压缩空气质量和压力应满足设备和仪表的要求，压缩空气含尘量应达到2级指标，露点温度应达到3级指标，含油最大浓度应达到2级指标。

2.8.2.4　蒸汽品质应满足工艺、设备的要求，并采取措施降低蒸汽流量和压力的波动。

2.8.2.5　对真空回潮机、烘丝机、烟片复烤机等供热品质要求较高的设备，宜设专用管道供热和蒸汽稳压装置。

2.8.3　环境条件

2.8.3.1　在确保生产运行稳定、产品质量最佳的前提下，综合考虑原材料消耗和能源消耗等因素，尽可能使卷烟制造过程处于良好的环境条件。

2.8.3.2　应改善劳动者的工作环境条件，车间内环境条件达到国家规定的卫生标准。

2.8.3.3　主要车（房）间空气温湿度要求见表2-1。有特殊技术要求的车（房）间空气温湿度应执行企业制定的标准。

表2-1　主要车（房）间空气温湿度

序号	车（房）间名称	空气温度/℃		空气相对湿度/%		备注
		设计值	允差	设计值	允差	
1	打叶复烤回暖房	30～40	—	60～80	—	
2	打叶复烤选叶车间	18～30	—	60～80	—	
3	片烟醇化库	5～38	—	≤70	—	安全储存条件
		10～30	—	55～65	—	醇化适宜条件

续表

序号	车（房）间名称	空气温度/℃		空气相对湿度/%		备注
		设计值	允差	设计值	允差	
4	打叶复烤成品库、卷烟加工原料配方库、卷烟成品周转库	5～38	—	≤70	—	—
5	打叶复烤车间、制丝车间、膨胀烟丝车间	18～30	—	—	—	冬季不低于低值，夏季不高于高值
6	贮叶房	35～40	±2	70	±5	—
7	掺配加香间	22～27	—	62	±5	温度基准值冬季取低值，夏季取高值
8	贮丝房（含半成品丝、成品梗丝、成品膨胀丝贮存）	22～27	±2	62	±5	—
9	卷接包车间、滤棒成型车间、材料平衡库	22～27	±2	60	±5	温度基准值冬季取低值，夏季取高值

2.8.4 防虫措施

2.8.4.1 应采取防虫措施，合理配置及布局虫情监测、灭虫设施。

2.8.4.2 主要生产车间出入口处宜设置防虫风幕，空调进、排风系统宜设置防虫设施。

2.8.4.3 主要建筑构件及设备构件的边角宜选择不易积灰，容易清洁的形状。

2.8.4.4 应根据不同区域的性质合理配置驱虫灯、诱虫灯和杀虫灯。

2.8.4.5 应采用负压为主的卫生清洁方式，不宜大规模使用压缩空气进行卫生清洁。

2.9 智能管控系统构建

2.9.1 生产执行系统

2.9.1.1 卷烟厂应建立生产执行系统，打叶复烤厂宜建立生产执行系统，系统应满足可与其他相关信息系统和生产自动化系统数据交换的要求。

2.9.1.2 系统应满足精益管理的要求，宜包含生产管理、质量管理、设备管理、生产成本管理、物流管理、现场管理等模块。

2.9.2 生产管控系统

2.9.2.1 应建立生产管控系统，满足生产工艺的要求，且功能完整、控制正确、技术统一、整体协调。

2.9.2.2 生产管控系统宜包括打叶复烤/制丝管控系统、卷接包管控系统、物流管控系统、动力能源管控系统。

2.9.2.3 系统应能对生产过程中工艺参数进行有效控制，满足由控制指标向控制参数转变、由结果控制向过程控制转变、由人工控制经验决策向自动控制科学决策转变的实现。

2.9.2.4 应具备监视、控制、管理一体化功能，其管理功能应与生产执行系统管理功能相协调。

2.9.2.5 应具备数据采集、处理功能，满足生产控制、质量控制和分析评价要求。

2.9.2.6 应采用数字化控制技术，系统控制水平应与工艺装备水平相适应。

2.9.2.7 应采用分布控制、集中管理的结构，分层结构宜分为管理层、监控层和设备层。

2.9.2.8 应满足生产的衔接、联动、连锁、检测、控制、报警、保护等功能要求。

2.10 工艺流程图及图例说明

2.10.1 打叶复烤、卷烟加工工艺流程图见"附录J 工艺流程图"。

2.10.2 流程图只表示了各加工工序及其相互关系和工艺要求的控制内容。工艺流程其他方面的内容未予图示。

2.10.3 流程图上所列的加工工序是目前普遍采用的工序。随着技术的进步、产品的发展，流程应作相应的调整。

2.10.4 鉴于某一加工工序的工艺任务，可由原理与结构不同的设备完成。因此，流程图上的加工工序，都是工序名称，没有采用设备名称。

2.10.5 流程中对筛分或风选出的物料去向未予标列，可结合工厂的具体情况，选择再使用的途径。

2.10.6 建议的工艺流程与随后所述的工序工艺是一个整体，不可任意割裂。

2.10.7 图例中分为必设、可选工序，可选工序可根据工厂的具体情况增减。

3

打叶复烤

3.1 原烟接收与挑选

3.1.1 工艺任务

接收并挑选原烟，满足质量要求和后续加工需求。

3.1.2 技术要点

3.1.2.1 根据烟叶原料情况和卷烟工业企业需求，对原烟进行选把、选片，制定对照样品。

3.1.2.2 烟叶原料应按产地、品种、等级和等级合格率分类有序堆放，不应错堆、混堆，堆放高度适宜。

3.1.2.3 挑选或分级后烟叶应进行标识，标识信息宜包括烟叶产地、类型、品种、等级、年份、重量、主要化学指标等内容。

3.2 备料

3.2.1 工艺任务

3.2.1.1 准备烟叶原料，确保重量、数量、质量等符合投料技术要求。

3.2.1.2 分批次、按顺序或模块配比要求堆放，确保烟叶原料有效供给。

3.2.2 来料标准

3.2.2.1 烟叶来料应附送料单，送料单应注明烟叶产地、类型、品种、等级、年份、数量和委托加工单位等信息，投入烟叶原料与投料表单一致。

3.2.2.2 烟包应无严重破损，包内无霉变、异味、污染、水渍、杂物及未经处理的虫蛀烟叶。

3.2.3 技术要点

3.2.3.1 备料场地应具有存放一个或一个以上班次生产所需烟叶的空间，场地应清洁、无杂物，远离污染源，具备环境加湿功能。

3.2.3.2 宜以柜或班次为备料批，确定投料进度。

3.2.3.3 进入生产车间的烟叶原料应全部计量，并详细记录。

3.2.3.4 烟叶原料按批次有序堆放。批次之间堆放间隔应不小于1m，不应错堆、混堆，堆放高度不宜超过2m。

3.2.3.5 投入烟叶原料的重量和数量符合生产规定要求。

3.2.3.6 模块加工时，应分批次、按配比要求准确投放，保证配方模块的完整性和准确性。

3.3 真空回潮

3.3.1 工艺任务

增加烟叶含水率和温度，松散烟叶。

3.3.2 来料标准

3.3.2.1 烟包或烟箱应放置整齐、紧凑，不倾斜。

3.3.2.2 烟叶产地、年份、品种、等级和数量符合要求。

3.3.3 质量要求

3.3.3.1 回潮后烟叶应松散柔软，色泽不得明显转深，无潮红、水渍烟叶。

3.3.3.2 真空回潮后烟叶质量指标应符合表3-1要求。

表3-1 真空回潮后烟叶质量指标要求

指标	要求
包芯温度/℃	≤75.0
含水率增加量/%	≥2.0
回透率/%	≥98.0

3.3.4 设备性能

3.3.4.1 抽空极限真空度小于300Pa。

3.3.4.2 柜内导流板和侧壁导流槽无破损或变形。

3.3.4.3 具备抽空温度或真空度、增湿温度或真空度、保温时间、破空温度或真空度自动控制功能。

3.3.4.4 具备增温增湿系统，增温增湿能力可控可调。

3.3.5 技术要点

3.3.5.1 烟叶含水率低于15%或烟叶出现板结现象时，宜采用真空回潮。

3.3.5.2 蒸汽压力、水压和压缩空气工作压力应符合生产要求。

3.3.5.3 应根据烟叶产地、类型、等级、品种、含水率、烟包黏结程度等因素，确定回潮周期。

3.3.5.4 烟叶及其承载体与真空回潮机柜内壁、柜门之间应留有间隙。

3.3.5.5 真空回潮后烟叶应及时出柜，出柜后存放时间不应超过30min。

3.4 铺叶、切断或解把

3.4.1 工艺任务

3.4.1.1 按照生产规定或配方要求，将不同烟叶原料连续、均匀、整齐一致地铺在铺把台输送带上，并完成烟叶的初配。

3.4.1.2 剔除非烟草物质和青、霉、油污、虫蛀烟叶及等级不符合要求的烟叶，分离烟把中的碎烟。

3.4.1.3 根据要求将烟叶或捆扎烟把的烟叶切断，使烟把易于松散，利于后续工序加工。

3.4.2 来料标准

同"3.2.2.2"或"3.3.3"。

3.4.3 质量要求

切断率或解把率应不小于80%。

3.4.4 设备性能

3.4.4.1 铺把台宜具备烟叶分切功能，且分切长度可调。

3.4.4.2 铺把台输送皮带运行速度应可调。

3.4.5 技术要点

3.4.5.1 摆放在铺叶台上的烟把应与流向垂直，叶基朝外，流量均匀。

3.4.5.2 配方打叶时，应定时检查原料投入比例的符合性，及时调整各工位的投料进度。

3.4.5.3 更换烟叶等级时，两等级之间应有足够的投料间隔时间，以保证等级间烟叶不混合。

3.4.5.4 应及时收集处理散碎烟叶。

3.4.5.5 解把（切断）刀明显影响解把（切断）率时，应及时检查和维修，直至更换。

3.5 润叶

3.5.1 工艺任务

增加烟叶含水率和温度，使烟片松散，提高烟叶耐加工性。

3.5.2 来料标准

同"3.4.3"。

3.5.3 质量要求

3.5.3.1 润后烟叶应松散、无粘连。

3.5.3.2 润后烟叶应保持原有色泽，无水渍、潮红、蒸片烟叶。

3.5.3.3 润后烟叶质量应符合表3-2要求。

表3-2　　　　　　　　润叶后烟叶质量指标要求

指标	要求
温度/℃	50.0~70.0
含水率/%	17.0~20.0
含水率允差/%	±1.0
含水率标偏/%	≤0.33
松散率/%	≥99.0

3.5.4 设备性能

3.5.4.1 具备水、蒸汽流量计量功能，水和蒸汽施加量可调可控。

3.5.4.2 具备热风循环系统，热风温度、风速、回风温度可调可控。

3.5.4.3 水汽喷嘴雾化效果良好,角度可调。

3.5.4.4 简体转速可调可控,排潮风量可调。

3.5.4.5 润叶机出口具备含水率、温度检测功能。

3.5.5 技术要点

3.5.5.1 润叶机入口烟叶流量应均匀,流量变异系数不大于0.25%,符合设备工艺制造能力。

3.5.5.2 蒸汽压力、水压、压缩空气工作压力等应符合生产要求。

3.5.5.3 润叶筒内温度达到预热要求后方可进行投料生产。

3.5.5.4 如遇故障停机,应及时关闭汽水阀门。停机时间超过15min,应对筒内烟叶进行清理并摊晾。

3.6 烟叶分选

3.6.1 工艺任务

3.6.1.1 除去混杂在烟叶中的砂土、烟虫、虫卵,并分选出碎烟片。

3.6.1.2 分选出烟叶中非烟草物质和青烟叶、霉变烟叶。

3.6.2 来料标准

烟叶松散、柔软,流量分配均匀。

3.6.3 质量要求

分选后烟叶质量应符合表3-3要求。

表3-3　　　　　　　　　分选后烟叶质量指标要求　　　　　　　单位:%

指标		要求
含杂率	一类杂物	0
	其他类杂物	< 0.00665

3.6.4　设备性能

3.6.4.1　筛分装置宜为不同孔径的多层筛网。

3.6.4.2　人工挑选的工位处应具备符合要求的照明功能，便于挑选杂物。

3.6.4.3　输送机皮带速度可调，分料均匀。

3.6.5　技术要点

3.6.5.1　烟叶流量应均匀，保证筛砂效果。

3.6.5.2　筛网应及时清理，防止筛孔堵塞，且筛后物料输出通畅。

3.6.5.3　分选出的杂物，应放入专用杂物箱内，并及时清理。

3.6.5.4　分选出的青杂烟、霉变烟和其他不符合技术要求的烟叶，应分类存放，标识清晰，并集中处理。

3.7　叶梗分离

3.7.1　工艺任务

对烟叶进行梗、叶分离，并对分离出的烟片和烟梗进一步筛分，保证打后烟片和烟梗满足制丝生产的需求。

3.7.2　来料标准

同"3.5.3"、"3.6.3"。

3.7.3　质量要求

3.7.3.1　叶梗分离后，烟片质量应符合表3-4要求。

表3-4　　　　　　　　　　叶梗分离后烟片质量指标要求　　　　　　单位：%

指标		要求
烟片结构	>25.4mm×25.4mm	<45.0
	>12.7mm×12.7mm	≥80.0
	<2.36mm×2.36mm	<0.5
叶中含梗率		≤1.5

3.7.3.2　叶梗分离后，烟梗质量指标应符合表3-5要求。

表3-5　　　　　　　　　　叶梗分离后烟梗质量指标要求　　　　　　单位：%

指标		要求
烟梗结构	>20mm	≥85.0
	<6mm	<5.0
梗含叶率		≤1.0

3.7.4　设备性能

3.7.4.1　宜在各级风分落料后及汇总皮带出口设置不同孔径的多层筛网，充分筛出6.35mm×6.35mm以下碎片。

3.7.4.2　各级打叶器运行稳定、可靠，打辊转速可调，打刀和框栏可更换。

3.7.4.3　风分器、抛料装置运行稳定、可靠，风速和抛料速度可调。

3.7.4.4　具备回梗系统。

3.7.4.5　打叶后烟片汇总皮带上具备烟片结构检测取样口。

3.7.4.6　设备密封和耐磨性能良好，保证不漏料，并防止烟片溢出。

3.7.4.7　设备安全保护装置可靠。

3.7.4.8　生产环境、噪声符合国家相关标准要求。

3.7.5　技术要点

3.7.5.1　应根据设备设计能力及烟叶加工特性，确定叶梗分离适宜的工艺参数。

3.7.5.2　进入一、二级打叶器各打辊的烟叶流量应均匀，并符合设备工艺生产能力。

3.7.5.3　生产结束或调换烟叶模块时，应及时清除机内残留物料。

3.8　贮叶配叶

3.8.1　工艺任务

3.8.1.1　使配方叶组中各等级烟片进一步混配均匀。

3.8.1.2　进一步平衡烟片含水率。

3.8.1.3　调节和平衡前后工序段之间的加工时间和生产能力。

3.8.2　来料标准

3.8.2.1　来料含水率均匀，流量稳定。

3.8.2.2　同"3.7.3.1"。

3.8.3　设备性能

3.8.3.1　应采用纵横往复式布料车进行铺料。布料方式和速度应保证出料端面配方组分均匀。

3.8.3.2　具有烟片进料、出料及贮存量的监控功能。

3.8.3.3　出料底带速度应可调可控，出料均匀、完全。

3.8.4　技术要点

3.8.4.1　贮柜应设有明显标志，不得错批混装。

3.8.4.2　批次烟片完全进柜后方能出柜，不得边进边出。

3.8.4.3　出料连续、均匀、松散，速度应满足工艺流量要求。

3.8.4.4　出料结束时，贮柜内不得有残留物料。应定期对贮柜进行清理，防止发生霉变。

3.8.4.5　烟片需要加料时，加料后烟片应按工艺要求进柜贮存。

3.8.4.6　烟片在柜内存贮时间和高度适宜，避免烟片结块。贮料高度不宜大于1000mm。

3.9　烟片复烤

3.9.1　工艺任务

将叶梗分离后烟片干燥、冷却、回潮，调控烟片含水率，便于烟片醇化、贮存。

3.9.2　来料标准

3.9.2.1　来料含水率均匀，流量均匀稳定，流量变异系数不大于0.25%。

3.9.2.2　模块配方完整一致。烟片无结块。

3.9.2.3　同"3.7.3.1"。

3.9.3　质量要求

3.9.3.1　复烤后烟片无水渍、烤红、潮红现象。

3.9.3.2　烟片复烤后质量应符合表3-6要求。

表3-6　　　　　　　　　烟片复烤后质量指标要求

指标		要求	检测点
含水率/%		8.0～12.0	冷却段
烟片结构/%	＞25.4mm×25.4mm	＜40.0	烟片复烤后
	＞12.7mm×12.7mm	≥80.0	
	＜2.36mm×2.36mm	＜0.5	

续表

指标		要求	检测点
含水率/%		11.0～13.5	
含水率标准偏差/%		≤0.33	
批内烟碱变异系数/%		≤5.0	烟片复烤后
温度/℃		40.0～60.0	
含杂率/%	一类杂物	0	
	其他类杂物	<0.00665	

3.9.4 设备性能

3.9.4.1 具备热风循环系统，热风温度、风速可调可控。

3.9.4.2 具备排潮系统，排潮风门开度可调。

3.9.4.3 具备冷风供给系统，风量可调。

3.9.4.4 水汽喷嘴、高压泵雾化水雾化效果良好。

3.9.4.5 具备冷凝水回路系统，回路畅通。

3.9.4.6 复烤机输送网带速度可调。

3.9.4.7 复烤机进口具备均料装置。

3.9.4.8 干燥各区具备干燥热风、排潮风温度检测功能，可根据中控室的设定值独立、自动调整。

3.9.4.9 干燥区应设置火星探测、报警和灭火装置。

3.9.4.10 冷却区进风量、排风量可自动调整。

3.9.4.11 冷却区与回潮区间应设置一段敞开式区域，便于取样和安装检测设备。

3.9.4.12 回潮区具备蒸汽和水混合回潮功能，喷嘴雾化效果良好，喷射区域合理。

3.9.4.13 烟片复烤机入口、冷却区和复烤机出口应设置水分检测仪，冷却区和复烤机出口应设置温度检测仪。

3.9.4.14 复烤机出口水分检测仪后应设置质量检测取样口或装置，取样口或装置应能够将输送带断面的物料完整取出。

3.9.4.15　复烤机出口水分检测仪后应设置烟片缓存柜。

3.9.5　技术要点

3.9.5.1　蒸汽、水和压缩空气压力应符合工艺要求。

3.9.5.2　复烤机输送网带上物料应松散，厚度均匀。

3.9.5.3　根据烟片流量和含水率设定干燥区温度，可采用弧线定温法，进行低温慢烤。干燥各区温度不应超过100℃；冷却区温度为35～45℃；回潮区温度为55～65℃。

3.9.5.4　水分仪、温度仪安装位置适当，避免受光线、外溢蒸汽影响。

3.9.5.5　干燥区网面热风风速应均匀、稳定。

3.9.5.6　冷却后烟片温度、含水率均匀，温度不宜高于环境温度5℃。

3.9.5.7　回潮区蒸汽和水的施加量根据要求进行自动控制。

3.9.5.8　回潮区含水率增加量在0～5.0%范围内可调；复烤机出口断面左、中、右含水率极差不大于0.8%，温度极差不大于3℃。

3.9.5.9　回潮区产生的湿空气应由排潮风机集中排放，烟片不应被排湿气罩吸入，排潮风管产生的凝结水应完全排放。

3.9.5.10　无凝结水滴落在烟片表面的现象。

3.9.5.11　投料前进行设备预热。

3.9.5.12　根据烟片流量及时调节喂料刮板、喂料输送带和匀叶辊的速度；根据烟片含水率及厚度调节网带的速度。

3.9.5.13　干燥区进风、排潮系统的调节风门位置适当，保持室内微负压，保持网面烟片布料均匀，防止碎烟外排、水汽外溢和串区。

3.9.5.14　复烤后质量不符合要求的烟片应进入烟片缓存柜，进行妥善处理。

3.9.5.15　回掺烟片应充分松散，含水率超过要求上限的烟片应在复烤前均匀回掺，含水率低于要求下限的烟片应在复烤后均匀回掺。

3.10 烟片包装

3.10.1 工艺任务

把复烤后符合质量要求的松散烟片，经过计量、预压成型、复称，按照一定的包装规格和重量进行打包捆扎、标识。

3.10.2 来料标准

同"3.9.3"。

3.10.3 质量要求

3.10.3.1 烟片包装后烟片净重量允差±0.5kg/箱。

3.10.3.2 烟片包装后质量应符合表3-7要求。

表3-7　　　　　　　　烟片包装后质量指标要求

指标	要求
温度/℃	35.0～45.0
含水率/%	10.5～13.0
批内含水率极差/%	≤1.0
批内烟碱变异系数/%	≤5.0
箱内密度偏差率(DVR)/%	≤8.0

3.10.4 设备性能

3.10.4.1 电子秤计量精度不大于0.5%。

3.10.4.2 油阀及管道接头应无跑、冒、滴、漏等现象。

3.10.4.3 预压机、打包机的压头高度和保压时间可调。

3.10.4.4 打包后宜设置密度检测装置，装箱密度均匀。

3.10.5　技术要点

3.10.5.1　进入预压机的烟片中不应混入碎烟片。

3.10.5.2　烟片经预压机预压时，应根据烟片重量适当调整压头高度和保压时间。

3.10.5.3　打包成型后，箱内烟片回涨超出烟箱部分的高度应小于50mm，箱体完整，无破损、无污染。

3.10.5.4　包装箱应由牛皮纸、瓦楞纸板内衬加固，亦可根据实际要求，选择其他形式。

3.10.5.5　烟箱扎带时，捆扎带应平行且等距，捆扎带间距宜为270mm，不偏斜。

3.10.5.6　箱内烟片应四角充实、平整，无空角、无杂物等。

3.10.5.7　包装箱标识应项目齐全、字迹清楚，粘贴工整，不应错号。

3.10.5.8　标识项目应包括：烟叶产地、年份、等级或代号、类型、品种、重量、复烤企业名称、生产日期、班次、箱号等内容。

3.10.5.9　应及时收集落地烟片，剔除杂物后均匀回掺。

3.10.5.10　包装后烟片应按指定位置堆码整齐，严禁露天堆放。

3.10.5.11　纸箱结构、材料与技术要求按YC/T 137—2014《复烤片烟包装　瓦楞纸箱包装》执行。

3.11　烟梗复烤

3.11.1　工艺任务

将叶梗分离后烟梗进行干燥，便于贮存和保管。

3.11.2 来料标准

3.11.2.1 同"3.7.3.2"。

3.11.2.2 来料流量均匀稳定，流量变异系数不大于0.25%。无杂质。

3.11.3 质量要求

烟梗复烤后质量应符合表3-8要求。

表3-8 烟梗复烤后质量指标要求 单位：%

指标		要求
含水率		10.0～13.0
含杂率	一类杂物	0
	其他类杂物	＜0.00665

3.11.4 设备性能

3.11.4.1 烟梗复烤机应设置干燥、冷却两个工艺段。

3.11.4.2 复烤机输送网带速度可调。

3.11.4.3 干燥区具备排潮系统，排潮风门可调。

3.11.4.4 干燥区内设置火星探测、报警和灭火装置。

3.11.4.5 冷却区进风量、排风量可调。

3.11.4.6 烟梗复烤后宜设置风选净化装置。

3.11.4.7 生产环境、噪声符合国家相关标准要求。

3.11.5 技术要点

3.11.5.1 蒸汽压力、压缩空气压力应符合工艺要求。

3.11.5.2 投料前，设备应预热15～20min。

3.11.5.3 烟梗在烤梗机网带上均匀分布。

3.11.5.4 烤梗时应根据烟梗流量及含水率，合理设置网带速度和烤房温度，

33

热风温度不应超过120 ℃。

3.12 烟梗包装

3.12.1 工艺任务

将复烤后符合质量要求的烟梗，经过分类、计量，包裹成一定重量和规格形式，并进行标识。

3.12.2 来料标准

同 "3.11.3"。

3.12.3 质量要求

3.12.3.1 包装后烟梗净重量允差 ± 0.5kg/包（箱）。

3.12.3.2 包装后烟梗质量应符合表3-9要求。

表3-9　　　　　　　　包装后烟梗质量指标要求　　　　　单位：%

指标		要求
含水率		10.0 ~ 13.0
烟梗结构	>20mm	≥85.0
	<6mm	< 5.0
含杂率	一类杂物	0
	其他类杂物	< 0.00665

3.12.4 设备性能

3.12.4.1 电子秤计量精度不大于0.5%。

3.12.4.2 宜具备烟梗筛分功能，烟梗振筛不应堵塞，烟梗输送通畅。

3.12.5　技术要点

3.12.5.1　烟梗包装前应将烟梗筛分为长梗（长度>20mm）和短梗（长度≤20mm）两种规格（或根据合同要求），同时将烟梗中的细梗和梗拐筛除。

3.12.5.2　称重准确，标识清晰、齐全。

3.12.5.3　包装后烟梗应按指定位置堆码整齐，严禁露天堆放。

3.12.5.4　包装前烟梗温度应不高于50℃。

3.13　碎片复烤和包装

3.13.1　工艺任务

3.13.1.1　收集烟片复烤前各工序产生的碎片，并干燥、冷却，控制含水率，便于贮存。

3.13.1.2　将复烤后符合质量要求的碎片，经过分类、计量，包裹成一定重量和规格形式，并进行标识。

3.13.2　来料标准

碎片的尺寸应小于6.35mm×6.35mm，来料流量均匀稳定。

3.13.3　质量要求

3.13.3.1　碎片复烤后质量应符合表3-10要求。

表3-10　　　　　　　　碎片复烤后质量指标要求　　　　　　　单位：%

指标	要求
含水率	11.0~13.0
含梗率	≤0.2

续表

指标		要求
含杂率	一类杂物	0
	其他类杂物	< 0.00665

3.13.3.2　包装后碎片、碎末净重量允差±0.5kg/包（箱）。

3.13.4　设备性能

采用滚筒干燥。筒壁温度、热风温度、热风风量、排潮风量、筒体转速可调。

3.13.5　技术要点

3.13.5.1　筒壁温度应不高于100℃。

3.13.5.2　干燥后碎片宜进行单独包装，或按照客户要求进一步分类处理。碎烟包装要求称量准确，标识清晰、齐全。

3.13.5.3　麻袋包装应使用内衬薄膜袋。

3.13.5.4　包装后碎片和碎末应按指定位置堆码整齐，严禁露天堆放。

3.13.5.5　应及时收集落地碎片、碎末，剔除杂物后均匀回掺。

3.14　凉箱（包）

3.14.1　工艺任务

将包装后的烟片、烟梗、碎片、碎末存放一定时间，以降低温度。

3.14.2　来料标准

同"3.10.3"、"3.12.3"、"3.13.3"。

3.14.3　质量要求

3.14.3.1　凉箱（包）后，烟片的箱芯温度不高于35 ℃。

3.14.3.2　烟梗、碎片和碎末箱芯（包芯）温度不高于45℃。

3.14.4　技术要点

3.14.4.1　烟箱（包）应放入专用凉包区域或仓库。

3.14.4.2　烟箱存放不应高于两层，烟包存放不应高于四层，四周间距应不小于0.3m。

3.14.4.3　烟箱（包）应分类存放，并有明确标识。

3.14.4.4　烟箱（包）经检验合格后，才能出库。

3.14.4.5　烟箱（包）搬运时应防雨，防损坏。

3.14.4.6　凉箱（包）仓库应清洁卫生，并适时通风排湿。

4

烟片处理

4.1　片烟醇化

4.1.1　工艺任务

将复烤后片烟在适宜环境中存放一定时间，改善和提高烟叶的感官质量，满足卷烟产品配方设计要求。

4.1.2　来料标准

4.1.2.1　同"3.10.3"。

4.1.2.2　烟箱无破损及水浸、雨淋等情况。

4.1.2.3　烟片无霉变、异味、污染和虫情等现象。

4.1.2.4　烟箱标识同"3.10.5.8"。

4.1.3　质量要求

4.1.3.1　醇化后片烟质量应符合表4-1要求。

表4-1　　　　　　　　　　醇化后片烟质量指标要求

指标	要求
含水率/%	10.5～13.0
包芯温度/℃	＜34.0

4.1.3.2　无霉变、异味、污染和虫情等，包装完好。

4.1.3.3　烟片感官质量应满足产品配方设计要求。

4.1.4　设备性能

4.1.4.1　醇化库应配备温湿度调节设备，经调节可达到"2.8.3.3"中要求。

4.1.4.2　醇化库应配备温湿度检测仪，检测准确可靠。

4.1.5　技术要点

4.1.5.1　应根据片烟醇化特性及使用功能定位，确定醇化环境温湿度和醇化时间。

4.1.5.2　不同醇化特性的片烟宜分区域存放。

4.1.5.3　应定期检测评价感官质量、外观质量、物理质量、化学成分等变化情况，及时掌握片烟醇化程度。

4.1.5.4　应实时监测虫情、霉变情况，并采取防虫防霉措施。

4.1.5.5　达到最佳醇化期的片烟应及时使用，如需延长使用时间，可采取抑制醇化措施。

4.2　备料

4.2.1　工艺任务

按照产品叶组配方设计要求，准备原料。

4.2.2　来料标准

同"3.10.3"、"4.1.3"。

4.2.3　设备性能

4.2.3.1　具备库存量实时统计、分析、调度功能。

4.2.3.2　具备电子标签、条码等扫描识别功能。

4.2.3.3　自动配方库应具备出库顺序设定、报警、纠错功能。

4.2.4　技术要点

4.2.4.1　备料场所应清洁，无杂物，远离污染源。

4.2.4.2　原料应有序存放，存量应满足生产组织需求。

4.2.4.3　应避免原料在自动配方库中长期存放。

4.2.4.4　温度低于15℃的烟叶在投料前，应在备料场所平衡温度。

4.3　开箱与计量

4.3.1　工艺任务

拆掉原料包装箱，核查质量，计量重量，确保每批投入原料符合叶组配方要求。

4.3.2　来料标准

同"3.10.3"、"4.1.3"。

4.3.3　设备性能

4.3.3.1　拆箱设备具有手动和自动两种操作模式，具备自动回收烟箱功能。

4.3.3.2　机器人解包系统重复定位偏差应不大于0.15mm。

4.3.3.3　电子秤计量准确。

4.3.4　技术要点

4.3.4.1　开箱后应按照叶组配方要求核查原料，剔除杂物和不符合配方规定的原料。

4.3.4.2　开箱后片烟摆放应有序、均匀。

4.3.4.3　批次投料之间应有一定的时间间隔，不得混批。

4.3.4.4　再造烟叶不宜放在批尾投料，减少贮存环节水分散失。

4.4　分片

4.4.1　工艺任务

将开箱后片烟按规定厚度均匀分成若干块，便于烟片回潮和松散。

4.4.2　来料标准

同"4.1.3"。

4.4.3　质量要求

分片后烟块厚度应均匀一致，烟块厚度极差不大于15mm。

4.4.4　设备性能

4.4.4.1　设备具有自动和手动两种操作模式。

4.4.4.2　设备运行稳定，分片厚度可调。

4.4.4.3　具备安全保护装置及报警系统。

4.4.5　技术要点

4.4.5.1　压缩空气压力应符合工艺设计要求。

4.4.5.2　来料在进料输送带上应摆放整齐。

4.4.5.3　分片过程中应尽量减少烟片造碎，避免漏料。

4.4.5.4　分片后烟块在输送带上应排列平整、均匀、紧密。

41

4.5　真空回潮

4.5.1　工艺任务

4.5.1.1　增加烟片的含水率和温度，使烟片柔软，易于松散，提高烟片的耐加工性。

4.5.1.2　减轻杂气，改善感官质量。

4.5.2　来料标准

同"4.4.3"。

4.5.3　质量要求

4.5.3.1　真空回潮后烟片质量应符合表4-2要求。

表4-2　　　　　　　　真空回潮后烟片质量指标要求

指标	要求
含水率增加量/%	≥2.0
回透率/%	≥98.0
包芯温度/℃	≤70.0

4.5.3.2　无水渍（含水率≥25%）烟片，回潮后烟片色泽无明显转深。

4.5.4　设备性能

同"3.3.4"。

4.5.5　技术要点

4.5.5.1　蒸汽、水和压缩空气工作压力应符合工艺设计要求。

4.5.5.2　周转箱内烟片重量应保持一致。

　4.5.5.3　回潮后应及时出料及翻箱喂料，在真空回潮箱体及周转箱内的存放时间不应超过30min。

4.5.5.4 回潮后翻箱角度适宜，翻箱后箱内无残留烟片。

4.5.5.5 应根据原料特性和产品风格质量要求设定工艺参数。

4.6 松散回潮

4.6.1 工艺任务

4.6.1.1 增加烟片含水率和温度，提高烟片的耐加工性，松散烟片。

4.6.1.2 减轻杂气、刺激性，改善细腻程度。

4.6.2 来料标准

4.6.2.1 同"4.4.3"或"4.5.3"。

4.6.2.2 来料流量应均匀稳定。若松散回潮前设真空回潮工序，流量变异系数应不大于0.25%。

4.6.3 质量要求

松散回潮后烟片应符合表4-3要求。

表4-3　　　　　　　松散回潮后烟片质量指标要求

指标	要求	
	切片-松散回潮	真空回潮-松散回潮
含水率/%	17.0～21.0	
含水率允差/%	±1.5	±1.0
温度/℃	45.0～70.0	
温度允差/℃	±3.0	
松散率/%	≥99.0	

4.6.4 设备性能

4.6.4.1 具备定量或动态加水控制模式,增湿能力可达10%以上。

4.6.4.2 回风温度在45~80℃范围内可调可控,回风温度允差控制在±3℃以内。

4.6.4.3 应具备水流量计量、蒸汽流量计量,以及热风循环、排潮和冷凝水集中排放系统。热风循环系统装置合理,热风温度和风速可调。

4.6.4.4 水汽喷嘴雾化性能适宜,角度可调,位置合理。

4.6.4.5 筒体转速可调可控,排潮风量可调。

4.6.5 技术要点

4.6.5.1 蒸汽压力、水压和压缩空气工作压力应符合工艺设计要求。

4.6.5.2 增温增湿系统、热风循环系统及传动部件工作正常。

4.6.5.3 蒸汽、水管道和喷嘴畅通;喷嘴角度合理,雾化适度。

4.6.5.4 应按规定预热,筒内温度达到预热要求后方可进料。

4.6.5.5 应根据原料特性和产品风格质量要求设定工艺参数。

4.6.5.6 再造烟叶单独回潮时,应根据其特性确定工艺参数及质量要求。

4.7 烟片除杂

4.7.1 工艺任务

剔除回潮后非烟草杂物、烟块及不合格烟片,提高烟片纯净度。

4.7.2 来料标准

同"4.6.3"。

4.7.3 质量要求

烟片中无非烟草杂物，无烟块及不合格烟片。

4.7.4 设备性能

4.7.4.1 风选除杂设备

  a. 风量和风速可调可控。

  b. 具有循环风系统，回风量不小于70%。

  c. 可将结块烟片等重杂物剔除。烟片含水率降低不大于0.5%。

  d. 具有滤网自动清洁系统。

4.7.4.2 光谱除杂设备

  a. 具有输送带自动纠偏装置，烟片在输送带上分布均匀、无打滑。

  b. 可将与在制品色泽有明显差异的烟片及非烟片杂物剔除，烟片误剔率不大于1.0%。

4.7.4.3 星辊除杂设备

  a. 星辊直径与星辊间距配合适宜，转速稳定。

  b. 星辊上除麻丝（毛）毡条应安装牢固。

4.7.5 技术要点

4.7.5.1 在满足工艺制造能力和剔净率要求情况下，确定风选除杂设备的风速与风量。

4.7.5.2 风选除杂设备过滤网网孔孔径合适，运行过程中网孔不堵塞。

4.7.5.3 光谱除杂设备进料连续均匀稳定。

4.7.5.4 光谱除杂设备识别系统应及时校准，不应误剔、漏剔。

4.7.5.5 定期清理星辊除杂设备毡条上的麻丝（毛）。

4.8 烟片混配

4.8.1 工艺任务

将配方中各等级烟片掺配混合均匀。

4.8.2 来料标准

同 "4.6.3"、"4.7.3"。

4.8.3 设备性能

4.8.3.1 具备纵向横向往复布料功能。纵向布料速度可调，横向布料行程可调。

4.8.3.2 具有烟片进料、出料及贮存量的监控功能。

4.8.3.3 出料底带速度应可调可控，出料均匀、完全。

4.8.4 技术要点

4.8.4.1 纵向布料速度应保证配方中最小组分在贮柜长度方向均匀；横向布料方式应尽可能使物料在布料车上均匀分布，保证出料端面配方组分均匀。

4.8.4.2 贮柜应有明显的牌别、批等标志，不得错牌。

4.8.4.3 整批烟片完全进柜以后方能出柜，不得边进边出。

4.8.4.4 每批烟片应贮于同一柜中，贮叶高度不大于1300mm。

4.8.4.5 出料应连续、稳定，出料完全，底带不得有残留。

4.9 烟片加料

4.9.1 工艺任务

4.9.1.1 按照配方规定将料液准确均匀地施加到烟片上,改善烟片的感官特性和物理性能。

4.9.1.2 适当提高烟片的含水率和温度。

4.9.2 来料标准

4.9.2.1 来料流量均匀稳定,流量变异系数不大于0.25%。

4.9.2.2 烟片含水率同"4.6.3"。

4.9.2.3 料液应符合产品配方设计要求,无沉淀,无杂质。

4.9.3 质量要求

4.9.3.1 加料后烟片质量应符合表4-4要求。

表4-4 加料后烟片质量指标要求

指标	要求
含水率/%	18.0~21.0
含水率允差/%	±1.0
温度/℃	40.0~65.0
温度允差/℃	±3.0
总体加料精度/%	≤1.0
瞬时加料比例变异系数/%	≤1.0

4.9.3.2 加料后烟片应松散、舒展,无团块,无明显水渍现象。

4.9.4 设备性能

4.9.4.1 加料能力应可调可控,满足产品设计加料量要求。

4.9.4.2 盛料桶应具有搅拌、过滤功能,料液温度在40~70℃范围内可调

47

可控。

4.9.4.3　加料系统应具有连锁、防错、报警、纠错功能。

4.9.4.4　喷嘴雾化适度，喷射角度、喷射区域可调。

4.9.4.5　具有管道清洗系统。

4.9.4.6　滚筒式加料设备

　　a. 可具备热风增温功能，回风温度在40～70℃范围内可调可控。

　　b. 筒体转速可调可控，排潮风量可调。

　　c. 滚筒内部耙钉、抄板尺寸和布局合理，保证物料连续稳定，出料均匀。

4.9.5　技术要点

4.9.5.1　加料前应配置筛分系统，可设置不同孔径多层筛网，充分筛除6mm以下的碎片，1.0mm以上的碎片应回收利用。

4.9.5.2　蒸汽、水、压缩空气工作压力符合工艺设计要求，蒸汽、水、料液计量、控制准确。

4.9.5.3　料液施加量与物料流量同步，施加均匀，加料后物料中料液含量符合产品设计要求。

4.9.5.4　加料系统清洁畅通，喷料正常，喷嘴雾化适度、喷射角度适宜。

4.9.5.5　料液温度恒定，满足其特性要求。

4.9.5.6　生产过程应经常检查料液施加情况，及时对料液过滤装置进行清洁。

4.9.5.7　每班或不同料液生产批后应使用温水清洗加料系统，定期对加料系统进行深度清洁。加料管道清洗水应进行污水处理。

4.10　配叶贮叶

4.10.1　工艺任务

4.10.1.1　将配方烟片或模块混配均匀。

4.10.1.2　使烟片充分吸收料液，平衡烟片的含水率和温度。

4.10.1.3　调节和平衡烟片处理工段和制叶丝工段之间的加工时间和生产能力。

4.10.2　来料标准

同"4.9.3"。

4.10.3　设备性能

4.10.3.1　贮柜

同"4.8.3"。

4.10.3.2　箱式贮叶系统

a. 材质符合"2.7.11"要求，可以加盖密闭。

b. 可定量装箱。

c. 可对烟片身份进行标注。

4.10.4　技术要点

4.10.4.1　纵向布料速度应保证配方中最小组分在贮柜长度方向均匀；横向布料方式应尽可能使物料在布料车上均匀分布，保证出料端面配方组分均匀。

4.10.4.2　烟片贮存时间应根据产品质量要求确定，最长贮存时间以不得使烟片品质降低为限。

4.10.4.3　贮柜应有明显的牌别、批等标志，不得错牌；贮叶箱的电子标签应牢固，防止信息错误。

4.10.4.4　整批烟片完全进柜以后方能出柜，不得边进边出。

4.10.4.5　每个贮叶柜（箱）的贮存量不应超过规定，贮叶柜贮叶高度不大于1300mm。

4.10.4.6　贮叶柜（箱）底带不得有残留。应定期对贮叶单元进行清理，防止发生霉变。

5

白肋烟处理

5.1　烟片增温

5.1.1　工艺任务

适当提高烟叶温度和含水率，使烟片伸展、充分松散，有利于料液的吸收。

5.1.2　来料标准

5.1.2.1　烟片流量均匀、松散，流量变异系数不大于0.25%。

5.1.2.2　烟片符合叶组配方规定。

5.1.3　质量要求

5.1.3.1　烟片增温后质量应符合表5-1要求。

表5-1 增温后烟片质量指标要求 单位：℃

指标	要求
温度	40.0～85.0
温度允差	±3.0

5.1.3.2　烟片舒展、松散，无结块现象。

5.1.4　设备性能

5.1.4.1　具有增温功能，烟片可增温至75℃。

5.1.4.2　具有清洗功能。

5.1.4.3　可在增温前设预配缓存柜，以平衡松散回潮与白肋烟工序生产时间。

5.1.5　技术要点

5.1.5.1　烟片流量均匀稳定。

5.1.5.2　蒸汽、水、压缩空气压力应符合工艺设计要求，蒸汽、水流量计量准确。

5.1.5.3　各类显示仪表正常，电子秤计量准确，自控系统灵敏、可靠。

5.2　加里料

5.2.1　工艺任务

5.2.1.1　对烟片均匀添加里料液。

5.2.1.2　提高烟片含水率和温度。

5.2.1.3　改善白肋烟感官质量，满足产品叶组配方设计要求。

5.2.2　来料标准

5.2.2.1　同"5.1.3"。

5.2.2.2　料液应符合产品配方要求，无沉淀，无杂质。

5.2.3　质量要求

5.2.3.1　加料后烟片质量应符合表5-2要求。

51

表5-2   加里料后烟片质量指标要求

指标	要求
含水率/%	28.0～38.0
含水率允差/%	±1.5
温度/℃	45.0～75.0
温度允差/℃	±3.0
总体加料精度/%	≤1.0
瞬时加料比例变异系数/%	≤1.0

5.2.3.2   烟片松散无结块。

5.2.4   设备性能

5.2.4.1   加温、加湿可自控。宜具备热风加热系统,热风温度可达到140℃。

5.2.4.2   应具备料液与烟片流量联锁功能,且可自控。

5.2.4.3   喷嘴雾化效果适度,喷射区域合理,喷射角度可调。

5.2.4.4   盛料桶应具有搅拌、保温及温度可控功能,料液温度在60～70℃范围内可调可控。加料系统具有过滤、清洗功能。

5.2.4.5   可使烟片加料后含水率增至40%,烟片最高温度可达85℃。

5.2.4.6   水、蒸汽、料液流量计计量精度符合要求。

5.2.5   技术要点

同"4.9.5"。

5.3   白肋烟烘焙

5.3.1   工艺任务

对白肋烟进行烘焙处理,改善其香气和余味,减少杂气和刺激性,使白肋烟的风格特征更加显露。

5.3.2　来料标准

5.3.2.1　同"5.2.3"。

5.3.2.2　烟片表面无明显料液残留。

5.3.2.3　来料烟片流量均匀、稳定，流量变异系数不大于0.25%。

5.3.3　质量要求

5.3.3.1　烘焙后烟片具有烤焙香气，松散无结团，无烤红现象。

5.3.3.2　烘焙后烟片应符合表5-3要求。

表5-3　　　　　　　　　　　烘焙后烟片质量指标要求

指标	要求
干燥终端含水率/%	4.0～10.0
干燥终端含水率允差/%	±2.0
回潮终端含水率/%	13.0～23.0
回潮终端含水率允差/%	±2.0
冷却终端温度/℃	35.0～45.0
冷却终端温度允差/℃	±3.0

5.3.4　设备性能

5.3.4.1　干燥段热风温度可达150℃以上，温度可调且响应快。

5.3.4.2　干燥段热风湿球温度在45～65℃范围内可调。

5.3.4.3　网带速度在0～8.0m/min范围内可调。

5.3.4.4　干燥段换气能力在0～30%范围内可调。

5.3.4.5　烘焙网带调节限料装置可调，铺叶均匀，铺料厚度在60～100mm范围内可调。

5.3.4.6　网面风速均匀，风速在0.5～1.0m/s范围内可调。

5.3.4.7　冷却段可使烟片温度不高于45℃。通风量、回风量可调。

5.3.4.8　回潮段增湿能力可调，加湿能力可达14%。

5.3.5 技术要点

5.3.5.1 烟片流量不应超过设备工艺制造能力。

5.3.5.2 蒸汽、水、压缩空气压力应符合工艺设计要求，各控制器件及运转部件正常，输送带网孔不堵塞，加潮区蒸汽及水喷嘴畅通。

5.3.5.3 铺叶厚度可在60～100mm范围内设定。

5.3.5.4 烟叶通过干燥区时间应保持5min以上，根据铺叶厚度、含水率、温度及烘焙后的质量要求进行选取。

5.3.5.5 干燥区温度应根据烟叶质量和叶组配方要求设定。

5.3.5.6 冷却区空气温度应不高于45℃。

5.3.5.7 加潮区空气温度应不高于70℃。

5.3.5.8 回潮终端含水率指标应根据后续生产组织方式确定。

5.4 加表料

5.4.1 工艺任务

5.4.1.1 对回潮后的烟片均匀、准确施加表料料液。

5.4.1.2 进一步改善烟片感官质量。

5.4.2 来料标准

5.4.2.1 烟片含水率同"5.3.3.2"中回潮终端含水率要求。

5.4.2.2 料液应符合产品配方要求，无沉淀、杂质。

5.4.3 质量要求

5.4.3.1 加表料后烟片质量应符合表5-4要求。

表5-4   加表料后烟片质量指标要求

指标	要求
含水率/%	17.0～23.0
含水率允差/%	±1.5
温度/℃	≤60.0
温度允差/℃	±3.0
总体加料精度/%	≤1.0
瞬时加料比例变异系数/%	≤1.0

5.4.4 设备性能

同"4.9.4"。

5.4.5 技术要点

同"4.9.5"。

5.5 贮叶

同"4.10"。

6

制叶丝

6.1　烟片增温

6.1.1　工艺任务

适当提高烟片温度，使烟片松散舒展，提高烟片的耐加工性。

6.1.2　来料标准

6.1.2.1　同"4.9.3"。

6.1.2.2　烟片来料流量均匀稳定，流量变异系数不大于0.25%。

6.1.3　质量要求

6.1.3.1　增温后烟片质量应符合表6-1要求。

表6-1　　　　　　　　　增温后烟片质量指标要求　　　　　　单位：℃

指标	要求
温度	40.0～60.0
温度允差	±3.0

6.1.3.2　烟片松散、舒展，无结块现象。

6.1.4　设备性能

6.1.4.1　具有热风增温系统，热风温度可达100℃，控制允差±3℃。

6.1.4.2　配备蒸汽流量计量装置。

6.1.4.3　热风系统应设蒸汽喷嘴。

6.1.5　技术要点

6.1.5.1　蒸汽和压缩空气工作压力应符合工艺设计要求。

6.1.5.2　蒸汽喷嘴角度设置合理，雾化效果良好。

6.1.5.3　烟片增温以热风增温为主时，应尽量减少蒸汽直接喷射烟片的增温方式使用。

6.1.5.4　含水率增加量不大于3.0%。

6.2　切叶丝

6.2.1　工艺任务

将烟片按设定要求切成宽度均匀的叶丝，满足后工序加工要求。

6.2.2　来料标准

6.2.2.1　烟片流量均匀稳定。

6.2.2.2　同"6.1.3"。

6.2.2.3　烟片中无金属、石块等非烟杂物。

6.2.3　质量要求

6.2.3.1　切后叶丝质量应符合表6-2要求。

表6-2	切后叶丝质量指标要求	单位：mm
指标		要求
叶丝宽度		0.7~1.2
宽度允差		±0.1

6.2.3.2 切后叶丝松散，无跑片、并条等不合格叶丝。

6.2.3.3 切后叶丝色泽不应明显转深。

6.2.4 设备性能

6.2.4.1 具有自动铺叶功能，且铺布均匀合理。

6.2.4.2 切丝宽度在0.6～1.5mm范围内可调可控。

6.2.4.3 刀辊转速及排链速度可调可控。

6.2.4.4 刀门与刀片间间隙可调。

6.2.4.5 刀门高度在一定范围内可自动调整。

6.2.4.6 刀门压力控制系统完好，刀门压力稳定，可调可控。

6.2.4.7 应具备除尘系统，除尘效果良好。

6.2.5 技术要点

6.2.5.1 切丝前应配置筛分系统，可设置不同孔径多层筛网，根据原料结构状况和产品质量要求确定筛孔尺寸，充分筛出碎片并合理利用。

6.2.5.2 供料均衡，铺料均匀、不脱节，刀门四角不得空松。

6.2.5.3 应根据来料情况和切丝质量要求设置刀门压力，使切后叶丝松散且不跑片。

6.2.5.4 刀门应平整并与刀片平行，刀门与刀片间间隙调整适当。

6.2.5.5 刀片材质、硬度应均匀一致，刀口应锋利，不卷刀，不缺口。

6.2.5.6 刀片进给系统应工作正常，刀片与砂轮配合良好，进刀和磨削距离一致。

6.2.5.7 应剔除非稳态切丝过程产生的不合格叶丝。

6.2.5.8 切丝宽度设定应考虑对叶丝物理质量和感官质量的综合影响。

6.2.5.9 压缩空气压力符合设备性能要求。

6.2.5.10 切丝流量应与前后工序流量相匹配，切丝机不应频繁起停。

6.3 叶丝加料

6.3.1 工艺任务

6.3.1.1 按照配方规定将料液准确均匀地施加到叶丝上，改善叶丝的感官品质和物理性能。

6.3.1.2 适当提高叶丝的含水率和温度。

6.3.2 来料标准

6.3.2.1 来料流量均匀稳定，流量变异系数不大于0.15%。

6.3.2.2 叶丝来料质量应符合表6-3要求。

表6-3 来料叶丝质量指标要求

指标	要求
含水率/%	17.0~19.0
含水率允差/%	±0.5
叶丝温度/℃	≤65.0
温度允差/℃	±3.0

6.3.2.3 料液应符合产品配方设计要求，无沉淀，无杂质。

6.3.3 质量要求

6.3.3.1 加料后叶丝质量应符合表6-4要求。

表6-4 加料后叶丝质量指标要求

指标	要求
含水率/%	16.0~21.0
含水率允差/%	±0.5
温度/℃	40.0~68.0
温度允差/℃	±3.0
加料总体精度/%	≤1.0
瞬时加料比例变异系数/%	≤1.0

59

6.3.3.2 加料后叶丝松散，无并条、结团。

6.3.4 设备性能

6.3.4.1 叶丝增温设备

a. 具有排潮系统，可防止废气外溢。

b. 水、汽系统应具有计量装置。

c. 具有自控系统，物料温度、含水率可调可控。

6.3.4.2 叶丝加料系统

同"4.9.4"。

6.3.4.3 应配置来料叶丝筛分设备，筛网孔径1.0mm。

6.3.4.4 加料后可配置叶丝暂存柜。

6.3.5 技术要点

6.3.5.1 加料前充分筛除1.0mm以下碎丝。

6.3.5.2 加料后叶丝暂存时，叶丝堆积高度不大于900mm，贮存时间根据产品感官质量要求确定。

6.3.5.3 同"4.9.5.2"、"4.9.5.3"、"4.9.5.4"、"4.9.5.5"、"4.9.5.6"、"4.9.5.7"。

6.4 叶丝膨胀干燥

6.4.1 工艺任务

6.4.1.1 去除叶丝中部分水分，提高叶丝填充能力和耐加工性，满足后工序加工要求。

6.4.1.2 彰显卷烟香气风格，改善感官舒适性，提高感官质量。

6.4.1.3 兼顾叶丝感官质量和物理质量，实现两者的协调统一。

6.4.2　来料标准

6.4.2.1　来料流量均匀稳定，流量变异系数不大于0.15%。

6.4.2.2　同"6.2.3"或"6.3.3"。

6.4.3　质量要求

6.4.3.1　膨胀后叶丝质量应符合表6-5要求。

表6-5　　　　　　　　　膨胀后叶丝质量指标要求

指标	要求
含水率/%	20.0~30.0
含水率允差/%	±1.0
叶丝温度/℃	50.0~80.0
温度允差/℃	±3.0

6.4.3.2　叶丝干燥后质量应符合表6-6要求。

表6-6　　　　　　　　　叶丝干燥质量指标要求

指标	要求	
	滚筒干燥	气流干燥
含水率/%	12.0~14.0	
含水率允差/%	±0.5	
含水率标偏/%	0.17	
温度/℃	50.0~65.0	55.0~75.0
温度允差/℃	±3.0	
填充值/（cm³/g）	≥4.0	≥4.2
填充值允差/（cm³/g）	±0.3	
整丝率/%	≥80.0	
碎丝率/%	≤2.0	
纯净度/%	≥99.0	
干头干尾率/%	≤0.6	≤0.3

6.4.3.3　叶丝柔软、松散、有弹性，无结块、湿团现象。

6.4.3.4　长度大于3.35mm叶丝应控制在适当范围，满足卷烟卷制要求。

6.4.4　设备性能

6.4.4.1　叶丝膨胀设备

a. 具有排潮系统，可防止废气外溢。

b. 水、汽系统应具有计量装置。

c. 具有自控系统。

d. 隧道振槽式、文氏管式、旋转蒸汽喷射式：增湿能力可达4.0%，出料温度可达60~100℃，且可调可控。

e. 滚筒式设备：具有自控热风增温系统和回潮系统，热风风温最高可达100℃。设备增湿能力可达15%以上，设备应设有水、汽喷嘴，且喷嘴角度可调。

6.4.4.2　滚筒干燥设备

a. 筒壁温度、热风温度、热风风速、热风风量、排潮风量和筒体转速可调可控。筒壁温度可达170℃，热风温度可达140℃，筒体内部风速可达1m/s。

b. 筒壁温度和热风温度控制允差为±3℃。

c. 排潮能力可调可控，配合恰当，排潮口无露滴。

6.4.4.3　气流干燥设备

a. 具有工艺气体温度和风量、排潮量、排潮负压、模拟水、蒸汽施加量自动调节和含水率自动控制功能。

b. 燃烧炉温度可达300℃。

c. 喷汽和喷水量可连续调整，满足干燥气流的湿度要求。

d. 具有完备的烟火探测、报警和自动处理等安全防护功能。

e. 具有废气排除及处理功能。

6.4.5 技术要点

6.4.5.1 应根据原料加工特性和产品质量风格特征选择适宜的加工方式和技术条件。工艺技术参数设置不应明显改变香气风格及减少香气量，应注重减轻杂气，减小刺激性和干燥感。

6.4.5.2 物料流量应合理设定，不超过工艺制造能力，并保持连续稳定。

6.4.5.3 蒸汽、水和压缩空气工作压力应符合工艺设计要求，蒸汽应进行疏水处理。

6.4.5.4 水、汽管道及喷孔畅通，无阻塞现象，并定期进行清理。

6.4.5.5 当各项参数均达到设定要求时，方可进料。

6.4.5.6 定期校正水分仪及温度仪。

6.4.5.7 及时妥善处理料头、料尾等不符合质量要求的叶丝。

6.4.5.8 采用滚筒干燥方式，出口叶丝含水率控制宜采用固定筒壁温度，通过排潮风量、热风温度、热风风速与风量等参数的自动调整来实现。

7

叶丝膨胀（干冰法）

7.1 叶丝浸渍

7.1.1 工艺任务

使叶丝吸收一定量的液态CO_2，为叶丝膨胀做准备。

7.1.2 来料标准

7.1.2.1 来料叶丝应符合表7-1要求。

表7-1 　　　　　　　　　　来料叶丝质量指标要求

指标	要求
含水率/%	19.0～24.0
含水率允差/%	±1.0
宽度/mm	0.8～1.0
宽度允差/mm	±0.1
纯净度/%	≥98.0

7.1.2.2 叶丝松散、不结团，流量均匀稳定。

7.1.2.3 CO_2应符合GB 10621—2006《食品添加剂　液体二氧化碳》的要求。

7.1.3 质量要求

7.1.3.1 叶丝浸渍适度，浸渍后叶丝易松散。

7.1.3.2　浸渍后叶丝中CO_2含量达到2%～6%。

7.1.4　设备性能

7.1.4.1　各类压力容器、管道的设计制造及安装应符合国家相关标准。

7.1.4.2　各类阀门、泵完好，无泄漏。

7.1.4.3　各类检测装置灵敏、可靠。

7.1.4.4　具有自动控制系统，可确保浸渍、液态CO_2输送及回收工艺过程正常。

　　a. 可自动控制气、液态CO_2进入各类压力容器和管道以及排放。

　　b. 可有效驱逐浸渍器中的空气。

　　c. 叶丝浸渍时间、浸渍压力、排液时间可调。

　　d. 可自动控制CO_2输送以及回收，并有效控制时间。

7.1.4.5　浸渍器应配备自动开闭上盖和下盖的液压装置及锁定、密封上盖和下盖的装置，并具有液态CO_2浸渍位置检测、浸渍压力检测及控制功能。

7.1.5　技术要点

7.1.5.1　叶丝分批进入浸渍器，每批叶丝计量准确，不应超出设备工艺制造能力。

7.1.5.2　检测液态CO_2液位，高度应不低于浸渍器内叶丝的最高点，且不得超过浸渍器上盖筛网下200mm处。

7.1.5.3　压缩空气、循环冷却水工作压力及水温应符合设备要求。

7.1.5.4　应定期对环境CO_2浓度、排风装置完好性进行检测，确保自动检测、报警及排放功能正常。

7.1.5.5　应按有关标准定期对压力容器进行检测。

7.1.5.6　浸渍压力、浸渍时间应保证叶丝适量吸收CO_2，浸渍压力可控制在2.7～3.1MPa范围内；浸渍时间可控制在30～200s范围内。

7.1.5.7　每千克成品膨胀叶丝CO_2消耗量不应高于0.5kg。

7.2　松散、贮存、喂料

7.2.1　工艺任务

松散块状叶丝，缓冲、贮存并定量连续、均匀地将含干冰叶丝送入膨胀系统。

7.2.2　来料标准

同"7.1.3"。

7.2.3　质量要求

7.2.3.1　含干冰叶丝松散，无较大的结块。

7.2.3.2　定量带上干冰叶丝流量稳定、均匀。

7.2.4　设备性能

7.2.4.1　具有自动松散块状干冰叶丝的功能。

7.2.4.2　可贮存适量干冰叶丝且保温。

7.2.4.3　可定量喂料并可调节流量。

7.2.5　技术要点

7.2.5.1　贮存量应满足连续生产的要求。

7.2.5.2　松散、贮存及振动落料功能应完好，确保喂料连续，流量稳定。

7.3　叶丝膨胀

7.3.1　工艺任务

7.3.1.1　快速升华叶丝中干冰，使叶丝膨胀。

7.3.1.2　协调膨胀叶丝物理质量和感官质量。

7.3.2　来料标准

同"7.2.3"。

7.3.3　质量要求

7.3.3.1　膨胀后叶丝质量应符合表7-2要求。

表7-2　　　　　　　　膨胀后叶丝质量指标要求　　　　单位：%

指标	要求
含水率	5.0～10.0
含水率允差	±1.0

7.3.3.2　感官质量满足产品设计要求。

7.3.3.3　膨胀后叶丝无湿团、炭化。

7.3.4　设备性能

7.3.4.1　焚烧炉和换热系统可为升华器中的工艺气体提供足够热量，满足工艺要求。焚烧生产过程中废气达到排放要求。

7.3.4.2　配备自动控制系统，确保升华、换热、热风循环和除尘及蒸汽供应工艺过程正常。

　　a. 工艺气体温度、风速在一定范围内可调，温度最高可达380℃，风速最高可达40m/s。

　　b. 焚烧炉温度在一定范围内可调，炉温最高可达820℃。

　　c. 热风循环系统的工艺风机风门和废气风机风门开度可自动调节。

　　d. 热风循环系统具备注入蒸汽的功能，蒸汽流量可调可控。

7.3.4.3　热风、蒸汽管道的设计、制造及安装应符合国家相关标准。

7.3.4.4　各类阀门、检测装置完好、灵敏、可靠。

7.3.4.5　燃烧器点火装置安全可靠。

7.3.5 技术要点

7.3.5.1 进入升华管的叶丝应均匀连续，进、出料气锁密闭良好，保证物料畅通。

7.3.5.2 工艺气体温度调节范围为240～380℃，风速调节范围为33～40m/s。

7.3.5.3 焚烧炉炉温控制范围为650～800℃，最高不应超过820℃。

7.3.5.4 工艺气体含氧量不应超过8%。

7.3.5.5 循环风管蒸汽加入量、热风温度和风速的设定，应考虑对膨胀后叶丝结构和感官质量的影响。

7.4 冷却回潮

7.4.1 工艺任务

使膨胀后叶丝冷却定形，加湿到后续工序需要的含水率。

7.4.2 来料标准

同"7.3.3"。

7.4.3 质量要求

冷却回潮后膨胀叶丝质量应符合表7-3要求。

表7-3 冷却回潮后膨胀叶丝质量指标要求

指标	要求
含水率/%	11.5～14.0
含水率允差/%	±0.5
温度/℃	≤45.0

7.4.4 设备性能

7.4.4.1 具有加湿自动控制功能。

7.4.4.2 冷却设备配有热风排除系统。

7.4.4.3 回潮设备筒体转速可调。

7.4.4.4 各类显示仪表工作正常。

7.4.4.5 回潮设备可增设加香加料工艺装置，可结合膨胀后叶丝温度合理设定料香配方，并在本工序完成加香加料或另设加香加料工序。

7.4.5 技术要点

7.4.5.1 回潮前膨胀叶丝温度应小于50℃。

7.4.5.2 水、压缩空气工作压力应符合工艺设计要求。

7.4.5.3 回潮设备内喷嘴位置调整合适，雾化效果适度，管路畅通，无滴漏。

7.4.5.4 根据需冷却的膨胀叶丝温度，合理调节排风量。

7.4.5.5 采用加香加料工艺时，应根据膨胀叶丝温度合理设定料香配方，且香精香料施加应正确、均匀，流量计量准确。

7.5 膨胀叶丝风选

7.5.1 工艺任务

剔除膨胀叶丝中梗签、湿团及非烟草杂物等，提高膨胀叶丝纯净度。

7.5.2 来料标准

同"7.4.3"。

7.5.3 质量要求

风选后膨胀叶丝质量应符合表7-4要求。

表7-4	风选后叶丝膨胀质量指标要求	单位：%
指标		要求
叶丝整丝率降低		≤1.0
纯净度		≥99.0

7.5.4 设备性能

7.5.4.1 采用循环风系统，且回风量不少于70%。

7.5.4.2 断面风速应均匀，风速可调，可将梗签、湿团及非烟草杂物等有效分离。

7.5.5 技术要点

7.5.5.1 物料流量应均匀，且不超过设备的工艺制造能力，风分效率达95%以上。

7.5.5.2 风选设备网孔应保持清洁畅通。

7.6 膨胀叶丝贮存

7.6.1 工艺任务

7.6.1.1 平衡膨胀叶丝含水率。

7.6.1.2 平衡膨胀叶丝工段同掺配加香工段之间的加工时间。

7.6.2 来料标准

同"7.5.3"。

7.6.3　质量要求

同"1.3.1.1 e"。

7.6.4　设备性能

7.6.4.1　贮丝柜

a. 可采用纵横往复式布料带进行布料。

b. 出料拨料辊转速适宜，耙钉间隔适宜，减少造碎。

c. 底带速度可调可控，出料均匀、完全。

7.6.4.2　贮丝箱

a. 材质符合"2.7.11"要求，可以加盖密闭。

b. 可定量装箱。

c. 可对膨胀叶丝身份进行标注。

7.6.4.3　具有膨胀叶丝进料、出料及贮存量监控功能。

7.6.5　技术要点

7.6.5.1　贮丝柜应置于有温湿度控制的贮存环境内，贮存环境温湿度满足"2.8.3.3"要求。

7.6.5.2　叶丝贮存时间不少于2h。

7.6.5.3　不同牌号或批的膨胀叶丝应分开贮存并有明显的牌号、生产日期、批、班次等标识。

7.6.5.4　各柜执行先进先出的原则。

7.6.5.5　柜内贮丝高度应小于800mm。

7.6.5.6　换牌号或膨胀叶丝出柜后应定期对贮丝柜进行清理。

8

制梗丝

8.1 备料

8.1.1 工艺任务

准备烟梗原料，核查质量与数量，确保投入烟梗符合产品设计要求。

8.1.2 来料标准

8.1.2.1 含水率宜为9.0%～15.0%，其他指标同"3.12.3"。

8.1.2.2 烟梗包装应完整，标识明显，年份、产地、数量等符合产品配方规定和生产要求。

8.1.2.3 烟梗形态结构均匀，无霉变、炭化、污染和虫情等现象，无金属、石块、包装材料等杂物。

8.1.3 技术要点

8.1.3.1 烟梗应按生产批次有序堆放，做好标识，各生产批次堆放区域间应有明显的间隔。

8.1.3.2 烟梗按投料要求准确计量。

8.1.3.3 备料场所应清洁，无杂物，远离污染源。

8.2 筛分与除杂

8.2.1 工艺任务

8.2.1.1 筛除烟梗中梗拐，以及长度小于10.0mm、直径小于2.5mm的碎梗。

8.2.1.2 剔除烟梗中非烟草物质。

8.2.2 来料标准

8.2.2.1 同"8.1.2"。

8.2.2.2 来料流量均匀稳定。

8.2.3 质量要求

8.2.3.1 烟梗结构分布均匀，无梗拐、碎梗。

8.2.3.2 无一类杂物，其他类杂物比例小于0.00665%。

8.2.4 设备性能

8.2.4.1 除杂设备的除尘装置完好。

8.2.4.2 风选除杂设备风量、风速可调。

8.2.5 技术要点

8.2.5.1 来料流量不应超过设备工艺制造能力。

8.2.5.2 投料过程应防止粉尘污染。

8.2.5.3 筛分设备网孔应定期清理，防止堵塞。

8.2.5.4 除杂设备应定期维护保养，防止误剔、漏剔。

8.3 烟梗回潮

8.3.1 工艺任务

8.3.1.1 增加烟梗的含水率和温度，提高烟梗的耐加工性。

8.3.1.2 去除烟梗表面灰尘。

8.3.1.3 沉淀出烟梗中金属和非金属重杂物。

8.3.2 来料标准

8.3.2.1 同 "8.2.3"。

8.3.2.2 来料流量均匀稳定。

8.3.3 质量要求

回潮后烟梗质量应符合表8-1要求。

表8-1　　　　　　　　回潮后烟梗质量指标要求

指标	要求
含水率/%	28.0～38.0
温度/℃	35.0～85.0
温度允差/℃	±3.0

8.3.4 设备性能

8.3.4.1 回潮设备增湿能力应满足要求，并在一定范围内可调。其中：

　　a. 水槽式回潮设备水温可调可控，水流速度、滤网运行速度等可调。

　　b. 振槽式回潮设备加水流量可调可控，蒸汽压力可调。

　　c. 刮板式回潮设备加水流量可调可控，刮板转速、蒸汽压力等可调。

　　d. 滚筒式回潮设备加水流量可调可控，蒸汽压力、热风风速、筒体转速、排潮风门开度等可调，回风温度在50～80℃范围内可调可控。

8.3.4.2 排潮装置完好，无蒸汽外溢。

8.3.5 技术要点

8.3.5.1 来料流量不应超过设备工艺制造能力。

8.3.5.2 蒸汽、水、压缩空气工作压力应符合设备及工艺设计要求，蒸汽、水流量计量准确。

8.3.5.3 蒸汽、水施加系统管道和喷嘴畅通，喷嘴雾化适度。

8.3.5.4 水槽式回潮设备工艺用水应定期更换。

8.4 贮梗

8.4.1 工艺任务

8.4.1.1 使烟梗内外部的含水率趋于一致。

8.4.1.2 平衡缓冲前后工序的加工时间和生产能力。

8.4.2 来料标准

同"8.3.3"。

8.4.3 质量要求

8.4.3.1 贮后烟梗柔软，含水率均匀，表面无水渍。

8.4.3.2 贮梗后烟梗含水率应符合表8-2要求。

表8-2	贮梗后烟梗含水率质量要求	单位：%
指标	要求	
含水率	28.0~38.0	
含水率允差	±1.5	

8.4.4 设备性能

8.4.4.1 具有与投料量相适应的贮存能力，具有对烟梗进料、出料及贮存量的监控功能。

8.4.4.2 出料底带速度可调，出料均匀、完全。

8.4.5 技术要点

8.4.5.1 出料流量应均匀，出料完全，底带不得有残留。

8.4.5.2 不同生产批次的烟梗应具有明显标识。

8.4.5.3 定期对贮梗柜进行清理，防止烟梗霉变。

8.4.5.4 保持适宜的贮存时间，确保烟梗达到质量要求。

8.5 烟梗增温

8.5.1 工艺任务

增加烟梗温度，提高烟梗的柔韧性及耐加工性。

8.5.2 来料标准

8.5.2.1 同"8.4.3"

8.5.2.2 来料流量应均匀稳定。

8.5.3 质量要求

增温后烟梗质量应符合表8-3要求。

表8-3　　　　　　　　　　增温后烟梗质量指标要求

指标	要求
含水率增加/%	≤2.0
温度/℃	≥60.0

8.5.4 设备性能

8.5.4.1 蒸汽压力可调，烟梗温度可增加至90℃以上。

8.5.4.2 蒸汽喷嘴或喷孔畅通。

8.5.4.3 排潮装置完好，无蒸汽外溢。

8.5.5 技术要点

8.5.5.1 来料流量不应超过设备工艺制造能力。

8.5.5.2 蒸汽、水、压缩空气工作压力均符合工艺设计要求。

8.5.5.3 蒸汽喷嘴或喷孔畅通，喷蒸汽时不带水滴。

8.6 压梗

8.6.1 工艺任务

8.6.1.1 挤压烟梗，疏松烟梗组织结构。

8.6.1.2 使烟梗呈片状，便于烟梗经切丝后呈丝状。

8.6.2 来料标准

8.6.2.1 来料流量均匀稳定。

8.6.2.2 烟梗温度不小于55℃。

8.6.2.3 无金属等硬物。

8.6.3 质量要求

8.6.3.1 压梗后烟梗无碎损。

8.6.3.2 烟梗表面无水渍。

8.6.4　设备性能

8.6.4.1　金属探测器运行正常，可有效监测并剔除物料中的铁磁性杂物。

8.6.4.2　压辊间隙在0.4～2.5mm范围内可调。

8.6.4.3　压辊表面应光洁平滑，压辊凸度不大于0.15mm，两压辊的直径差不大于1.0mm。

8.6.4.4　配备压辊表面积垢清理装置。

8.6.4.5　具有压辊自动保护功能，可卸荷和排除硬物。

8.6.4.6　具备压辊降温冷却功能。

8.6.5　技术要点

8.6.5.1　烟梗流量不应超过设备工艺制造能力。

8.6.5.2　烟梗在压辊轴向分布均匀，防止烟梗重叠挤压。

8.6.5.3　压辊间隙宜设定在0.6～1.2mm范围内。

8.6.5.4　两压辊轴线应平行，间隙均匀一致。

8.6.5.5　压辊表面应不沾梗，无积垢。

8.7　切梗丝

8.7.1　工艺任务

将烟梗按设定要求切成厚度均匀的梗丝。

8.7.2　来料标准

8.7.2.1　同"8.6.3"。

8.7.2.2　烟梗温度不高于45℃。

8.7.2.3 烟梗柔软，含水率均匀。

8.7.2.4 烟梗流量均匀稳定。

8.7.3 质量要求

8.7.3.1 切后梗丝厚度均匀。

8.7.3.2 梗丝松散，不粘连结块。

8.7.4 设备性能

8.7.4.1 具有稳定均匀进给烟梗的功能。

8.7.4.2 具有切梗厚度自动控制功能，切梗丝厚度在0.10～0.50mm范围内可调。

8.7.4.3 刀门与刀片间间隙可调。

8.7.4.4 烟梗压紧系统完好，刀门压力稳定，可调可控，刀门高度在一定范围内可根据进料量自动调整。

8.7.4.5 刀片进给系统和磨削系统运行稳定、可靠，进刀和磨削距离一致。

8.7.4.6 应具备除尘系统，除尘效果良好。

8.7.4.7 整机应运行协调、平稳、可靠。

8.7.5 技术要点

8.7.5.1 切梗丝前应将烟梗温度降低至45℃以下，烟梗表面无水渍。

8.7.5.2 烟梗铺料均匀，进给均衡，不脱节，刀门四角不得空松。

8.7.5.3 刀门高度适当，压力调整适宜，烟梗压紧适度。

8.7.5.4 刀门应平整，并与刀片平行，刀门与刀片间间隙调整适当。

8.7.5.5 切削过程刀口应保持锋利，不卷刀，不缺口。

8.7.5.6 切梗丝厚度宜在0.10～0.18mm范围内设定。

8.7.5.7 切梗丝流量调整适宜，避免切梗丝机频繁启停。

8.8 梗丝加料

8.8.1 工艺任务

8.8.1.1 按比例准确、均匀地对切后梗丝施加料液。

8.8.1.2 适当提高梗丝的温度和含水率。

8.8.2 来料标准

8.8.2.1 同"8.7.3"。

8.8.2.2 梗丝流量均匀稳定，流量变异系数不大于0.15%。

8.8.2.3 料液应符合产品配方要求，无沉淀、杂质。

8.8.3 质量要求

加料后梗丝质量应符合表8-4要求。

表8-4　　　　　　　　加料后梗丝质量指标要求

指标	要求
含水率/%	30.0～40.0
含水率允差/%	±1.0
温度/℃	40.0～70.0
温度允差/℃	±3.0
总体加料精度/%	≤1.0
瞬时加料比例变异系数/%	≤1.0

8.8.4 设备性能

8.8.4.1 喷嘴雾化效果、喷射角度、喷射区域可调。

8.8.4.2 满足梗丝含水率增加10%、温度达70℃以上的能力。

8.8.4.3 盛料桶具有搅拌、过滤及温度可控功能，料液温度在40～70℃范围内可调可控。

8.8.4.4　具有加料、加温加湿、排潮、冷凝水排放、筒体清洗及加料系统清洗功能。

8.8.4.5　料液流量可自控，加料流量计计量精度符合要求。

8.8.4.6　滚筒式加料回潮机的筒体转速可调，排潮风量可调。

8.8.4.7　定量喂料装置完备，流量控制精度符合要求。

8.8.4.8　具有联锁、防错、报警功能。

8.8.5　技术要点

同"4.9.5.2"、"4.9.5.3"、"4.9.5.4"、"4.9.5.5"、"4.9.5.6"、"4.9.5.7"。

8.9　梗丝膨胀干燥

8.9.1　工艺任务

8.9.1.1　去除梗丝中部分水分。

8.9.1.2　提高梗丝的弹性、填充能力和燃烧性。

8.9.2　来料标准

8.9.2.1　同"8.8.3"。

8.9.2.2　梗丝流量变异系数不大于0.15%。

8.9.3　质量要求

8.9.3.1　膨胀干燥后梗丝质量应符合表8-5要求。

表8-5　　　　　　　　膨胀干燥后梗丝质量指标要求

指标	要求
含水率/%	12.0~14.5
含水率允差/%	±0.5
含水率标准偏差/%	≤0.17

续表

指标	要求
温度/℃	50.0~70.0
温度允差/℃	±3.0
填充值/（cm^3/g）	≥6.5
填充值允差/（cm^3/g）	±0.5
碎丝率/%	≤2.0

8.9.3.2 梗丝柔软、松散，无结团、湿团。

8.9.4 设备性能

8.9.4.1 应配有施加水或蒸汽的自动控制装置。

8.9.4.2 隧道振槽式、文氏管式、旋转蒸汽喷射式等膨胀设备，具有较大的蒸汽喷射压力或流量调节范围，并且可调可控。文氏管式膨胀设备喷嘴蒸汽压力为0.2~0.7MPa。

8.9.4.3 可自动闭环调节干燥过程的相关参数。

8.9.4.4 梗丝干燥工艺气体风量可调，温度可调可控。气流式干燥机工艺气体温度可达到240℃，隧道振槽式热风区工艺气体温度可达到180℃。

8.9.4.5 滚筒式干燥设备筒壁蒸汽压力可调可控，排潮风量和筒体转速可调，筒壁温度可达到170℃，热风温度可达到140℃。

8.9.4.6 气流式干燥机具有烟火探测、报警和自动处理功能。

8.9.4.7 具有排潮或防止废气外溢功能。

8.9.5 技术要点

8.9.5.1 进料生产前，设备应预热至设定温度值。

8.9.5.2 梗丝流量不应超过设备的工艺制造能力。

8.9.5.3 蒸汽、水和压缩空气工作压力应符合工艺设计要求，蒸汽、水流量计量准确。

8.9.5.4 热交换系统、蒸汽管路、物料输送系统运行正常。

8.9.5.5 蒸汽管道及喷孔畅通，无阻塞，并定期进行清理。

8.9.5.6 各类显示仪表正常，在线监测准确，反馈及时，设备自控系统灵敏、可靠。

8.9.5.7 梗丝干燥速率适宜，减少膨胀后梗丝体积收缩。

8.9.5.8 隧道振槽式干燥机物料出口水平方向梗丝含水率应一致。

8.10 梗丝风选

8.10.1 工艺任务

分离梗丝中梗签、梗块及非烟草杂物，提高梗丝的纯净度。

8.10.2 来料标准

8.10.2.1 同"8.9.3"。

8.10.2.2 梗丝流量应均匀稳定。

8.10.3 质量要求

风选后梗丝质量应符合表8-6要求。

表8-6　　　　　　　　风选后梗丝质量指标要求　　　　　单位：%

指标	要求
含水率	12.0~13.5
含水率允差	±0.5
整丝率降低	≤3.0
纯净度	≥99.0

8.10.4 设备性能

8.10.4.1 可将梗丝与梗签、梗块、杂物分离，风分效率达95%以上。

8.10.4.2 断面风速应均匀，且可调。

8.10.4.3 抛料速度可调。

8.10.5 技术要点

8.10.5.1 梗丝流量不应超过设备的工艺制造能力。

8.10.5.2 梗丝风选的网孔保持清洁畅通。

8.10.5.3 抛料速度和风量适宜，排出物中可含适量合格梗丝。

8.11 梗丝加香

8.11.1 工艺任务

按比例准确、均匀地对梗丝施加香液。

8.11.2 来料标准

8.11.2.1 同"8.10.3"。

8.11.2.2 梗丝流量变异系数不大于0.15%。

8.11.3 质量要求

加香后梗丝质量应符合表8-7要求。

表8-7 　　　　　　　　加香后梗丝质量指标要求 　　　　单位：%

指标	要求
含水率	12.0～13.5
含水率允差	±0.5
含水率标准偏差	≤0.17
总体加香精度	≤0.5
瞬时加香比例变异系数	≤0.5

8.11.4 设备性能

8.11.4.1 加香比例可调可控。

8.11.4.2 喷嘴雾化效果、喷射角度、喷射区域可调。

8.11.4.3 具备香精流量与烟丝流量联锁自控功能。

8.11.4.4 应确保香精不外溢。

8.11.4.5 具有加香系统异常现象报警功能。

8.11.4.6 具有自动清洗加香罐及管道功能。

8.11.5 技术要点

8.11.5.1 采用压缩空气喷射香精时，工作压力应符合工艺设计要求，香精雾化适度。

8.11.5.2 应定期清洗加香滚筒，并定期对加香系统进行深度清洁。

8.11.5.3 应定期校正加香计量泵流量，合理设置喷嘴角度。

8.11.5.4 应定期对加香精度进行校验。

8.11.5.5 盛香精的容器上应标识批次、数量、日期和班次等内容。

8.12 贮梗丝

8.12.1 工艺任务

8.12.1.1 平衡梗丝含水率，促进香液充分吸收。

8.12.1.2 平衡制梗丝与制叶丝工段之间的加工时间。

8.12.2 来料标准

同"8.11.3"。

8.12.3　质量要求

8.12.3.1　贮后梗丝质量同"1.3.1.1 d"。

8.12.3.2　贮后梗丝松散，无结块、霉变现象。

8.12.3.3　贮后梗丝结构均匀。

8.12.4　设备性能

8.12.4.1　可采用纵横往复式布料带进行布料。

8.12.4.2　出料拨料辊转速适宜，耙钉间隔适宜，减少造碎。

8.12.4.3　底带速度可调可控，出料均匀、完全。

8.12.5　技术要点

贮梗丝高度应小于900mm。

9

掺配加香

9.1 烟丝掺配

9.1.1 工艺任务

将模块或配方叶丝、梗丝、膨胀叶丝、再造烟丝、回收烟丝等按设计要求进行配比和掺兑，混合烟丝各组分。

9.1.2 来料标准

9.1.2.1 叶丝同"6.4.3.2"。

9.1.2.2 梗丝同"8.12.3"，膨胀叶丝同"7.6.3"。

9.1.2.3 再造烟丝、回收烟丝含水率在11.0%～13.0%范围内，且无杂物、污染、霉变。

9.1.3 质量要求

配比精度不大于1.0%。

9.1.4 设备性能

9.1.4.1 掺配使用的电子秤应为控制型，可按照设定掺配比例，根据主秤流量或总量，自动调整掺配物料流量。

9.1.4.2 电子秤控制箱应具有数据处理、记录、显示和控制功能。

9.1.4.3 采用总量比例掺配模式时，应设置混丝柜，混丝柜应采用纵横往复式布料车进行铺料。

9.1.5 技术要点

9.1.5.1 根据生产组织方式不同，可采用比例掺配或总量掺配方式。

9.1.5.2 采用比例掺配方式时，叶丝流量应均匀稳定，流量变异系数不大于0.15%。

9.1.5.3 采用总量掺配方式时，应确保各个组分在混丝柜内混配均匀。

9.1.5.4 叶丝、梗丝、膨胀叶丝、再造烟丝、回收烟丝应按照产品配方规定掺配。

9.2 烟丝加香

9.2.1 工艺任务

9.2.1.1 按照产品配方设计要求，将香液准确均匀地施加到烟丝上。

9.2.1.2 使物料组分进一步混合均匀。

9.2.2 来料标准

9.2.2.1 烟丝流量均匀稳定，计量准确。

9.2.2.2 烟丝温度低于45℃。

9.2.2.3 香精品种、重量和质量符合产品配方要求，无杂质、沉淀。

9.2.3 质量要求

9.2.3.1 同"1.3.1.1 f"。

9.2.3.2 加香总体精度不大于0.5%，瞬时加香比例变异系数不大于0.5%。

9.2.4 设备性能

9.2.4.1 加香比例可调可控。

9.2.4.2 喷嘴雾化效果、喷射角度、喷射区域可调。

9.2.4.3 具备香精流量与烟丝流量联锁自控功能。

9.2.4.4 应确保香精不外溢。

9.2.4.5 具有加香系统异常现象报警功能。

9.2.4.6 具有清洗加香罐及管道功能。

9.2.5 技术要点

9.2.5.1 加香前应对烟丝进行筛分，充分筛除1.0mm以下的碎丝。

9.2.5.2 采用压缩空气喷射香精时，工作压力应符合工艺设计要求，香精雾化适度。

9.2.5.3 应定期清洗加香滚筒，并定期对加香系统进行深度清洁；换牌后应及时清洗加香罐及加香管道。

9.2.5.4 应定期校正加香计量泵流量，合理设置喷嘴角度。

9.2.5.5 应定期对加香精度进行校验。

9.2.5.6 盛香精的容器上应标识牌号、批次、数量、日期和班次等内容。

9.3 配丝贮丝

9.3.1 工艺任务

9.3.1.1 将烟丝中各种组分进一步混合均匀。

9.3.1.2 使烟丝充分吸收香精，平衡烟丝含水率和温度。

9.3.1.3 调节和平衡制丝与卷接的生产时间。

9.3.2　来料标准

同"9.2.3"。

9.3.3　质量要求

同"1.3.1.1 f"。

9.3.4　设备性能

9.3.4.1　贮丝柜

a. 可采用纵横往复式布料带进行布料。

b. 出料拨料辊转速适宜，耙钉间隔适宜，减少造碎。

c. 底带速度可调可控，出料均匀、完全。

9.3.4.2　箱式贮丝系统

a. 贮丝箱应配置密封盖。

b. 可定量装箱。

c. 可对贮丝箱进行身份标注和识别。

d. 具备贮丝箱清扫功能。

e. 系统设计应简洁流畅，减少烟丝造碎。

9.3.4.3　具备贮存制丝线生产12h以上烟丝的能力。

9.3.4.4　具备烟丝进料、出料及贮存量的监控功能。

9.3.5　技术要点

9.3.5.1　烟丝贮存环境温湿度条件应符合"2.8.3.3"中要求。

9.3.5.2　烟丝贮存时间应不少于4h。

9.3.5.3　不同牌号或批的烟丝应分开贮存，并有明显的牌号、生产日期、批次、班次等标识。

9.3.5.4　执行先进先出原则。

9.3.5.5 贮丝高度应小于1200mm。

9.3.5.6 换牌号或烟丝出柜（箱）后应对贮丝柜（箱）进行清理。

9.3.5.7 贮柜出料速度设置应与烟丝需求量匹配，尽量减少贮丝柜启停频次。

10

滤棒成型和复合

10.1 滤棒成型

10.1.1 工艺任务

将符合产品设计标准的烟用材料制成能满足产品或复合设计要求的滤棒。

10.1.2 来料标准

符合"附录A 烟用材料质量要求"。

10.1.3 质量要求

10.1.3.1 醋酸纤维滤棒

a. 醋酸纤维滤棒质量指标应符合表10-1要求。

表10-1 醋酸纤维滤棒质量指标要求

指标		要求
长度/mm		设计值±0.5
圆周/mm		设计值±0.2
压降/Pa	＜4500	设计值±250
	≥4500	设计值±300
硬度/%		≥82.0
含水率/%		≤8.0
圆度/mm		≤0.35

b.外观要求应不低于相关国家标准及行业标准的规定。

10.1.3.2　醋纤沟槽滤棒

a.醋纤沟槽滤棒质量指标应符合表10-2要求。

表10-2　　　　　　　　　醋纤沟槽滤棒质量指标要求

指标		要求	
		间段式沟槽滤棒	截点式沟槽滤棒
长度/mm		设计值±0.5	
圆周/mm		设计值±0.2	
压降/Pa	<4000	设计值±250	
	≥4000	设计值±300	
硬　度/%		≥82.0	
含水率/%		≤8.0	
圆　度/mm		≤0.4	
沟槽深度/mm		设计值±0.05	
沟槽数目/个		设计值±1.0	
沟槽排列结构/mm		设计值[1]±1.0[2]	—

注：①设计值分为有沟槽段长度（F）与无沟槽段长度（B）的设计值。从卷烟抽吸端开始，用卷烟滤嘴中各段长度依次相加的形式表示（参见YC/T 223.1—2014《特种滤棒 第1部分：醋纤沟槽滤棒》）。

②滤棒中各段长度允差均为±1.0mm（参见YC/T 223.1—2014《特种滤棒 第1部分：醋纤沟槽滤棒》）。

b.外观要求应不低于相关国家标准及行业标准的规定。

10.1.4　设备性能

10.1.4.1　滤棒成型设备

a.设备应具有：

——滤棒圆周、三乙酸甘油酯施加量控制系统，可对滤棒圆周和三乙酸甘油酯施加量进行监测、控制。

——滤棒搭口胶、中线胶自动检测功能。

——成型纸自动拼接及拼接头自动剔除功能。

——故障自动诊断、报警和显示功能。

——消除加工过程中丝束产生静电荷的功能。

——标准数据接口,可接受和传送设备运行数据。

b. 宜配备在线自动检测取样装置。

c. 滤棒自动监测及剔除功能完好、可靠和准确。

d. 按"10.1.3"要求,滤棒长度、圆周和圆度指标的工序能力指数应不小于1.33。

10.1.4.2　施加活性炭或滤棒添加剂的设备应具备:

a. 施加量可调和均匀度可控功能。

b. 粉尘回收装置。

10.1.4.3　用于醋纤沟槽滤棒生产的压纹装置运行稳定,且压纹深度可调节。

10.1.5　技术要点

10.1.5.1　生产环境条件应符合"2.8.3"要求,且可调可控。

10.1.5.2　压缩空气应符合"2.8.2.3"要求,并应进行过滤,防止污染滤棒。

10.1.5.3　烟用材料质量与设备性能应互相匹配,满足产品设计要求。

10.1.5.4　应对设备参数进行监控,确保设备完好,设备参数包括但不限于:

a. 开松压力、张紧压力和布带张力。

b. 通道温度、开松冷却进出管温度、各加热器温度。

c. 开松比、烟用三乙酸甘油酯喷洒均匀性、烟用热熔胶喷嘴、开松辊磨损量。

10.1.5.5　应对工艺参数进行监控,关键工艺参数应达标,工艺参数包括但不限于:

a. 烟用三乙酸甘油酯施加比例。

b. 烙铁温度。

c. 空气喷嘴压力。

d. 辊速比。

10.1.5.6　宜设置滤棒压降标准偏差指标，强化对滤棒质量的控制：

　　a. 滤棒压降设计值小于4000Pa时，其标准偏差宜小于等于70Pa。

　　b. 滤棒压降设计值大于等于4000Pa时，其标准偏差宜小于等于90Pa。

10.1.5.7　其他

　　a. 二醋酸纤维素丝束应开松完全、均匀，无束状丝。

　　b. 烟用三乙酸甘油酯施加量宜在4.0%～12.0%，施加应均匀一致。

　　c. 应根据设计要求确定合理的二醋酸纤维素丝束填充量。

10.2　贮存固化

10.2.1　工艺任务

10.2.1.1　将成型机生产的滤棒贮存一段时间，通过增塑剂固化使滤棒达到工艺质量指标中的硬度要求。

10.2.1.2　平衡滤棒成型工序与下工序的生产时间，满足下工序需求。

10.2.2　来料要求

　　来料滤棒排列整齐，高度适宜，滤棒盘标识或电子标签完好。

10.2.3　质量要求

10.2.3.1　同"10.1.3.1"或"10.1.3.2"。

10.2.3.2　滤棒硬度趋于稳定。

10.2.4　设备性能

10.2.4.1　滤棒高架库设备应满足：

　　a. 烟支卷接的生产能力和周转需求。

b. 滤棒规格的识别和追溯功能。

10.2.4.2 滤棒固化间（区）无污染、异味，无阳光直射。

10.2.5 技术要点

10.2.5.1 滤棒固化时间按照三乙酸甘油酯的特性确定，宜大于8 h。

10.2.5.2 滤棒高架库应保持清洁，环境条件与滤棒生产环境接近。

10.2.5.3 滤棒盘标识或电子标签完好，确保信息传递无误，可追溯。

10.3 滤棒复合

10.3.1 工艺任务

将不同特征的合格滤棒按照设计要求复合成二元或多元滤棒。

10.3.2 来料标准

10.3.2.1 来料滤棒同"10.1.3.1"或"10.1.3.2"，应无异味。

10.3.2.2 其他烟用材料符合附录A中的质量要求。

10.3.3 质量要求

10.3.3.1 复合滤棒质量指标应符合表10-3要求。

表10-3 复合滤棒质量指标要求

指标		要求
长度/mm		设计值 ± 0.5
圆周/mm		设计值 ± 0.20
压降/Pa	< 4000	设计值 ± 300
	≥ 4000	设计值 ± 400
含水率/%		≤ 8.0
圆度/mm		≤ 0.40
复合结构/mm		设计值 ± 1.0

10.3.3.2 复合滤棒硬度应满足卷烟接装要求。

10.3.3.3 复合滤棒中不同特征的滤棒段之间应无大于1mm的间隙。

10.3.3.4 外观要求应不低于相关国家标准及行业标准的规定。

10.3.4 设备性能

10.3.4.1 设备应具有:

a. 不同特征滤棒间间隙及排列控制系统,可对复合滤棒内不同特征滤棒间间隙及排列结构进行监测、控制、调节、剔除和统计。

b. 滤棒搭口胶、内粘接线自动检测功能。

c. 成型纸自动拼接及拼接头自动剔除功能。

d. 故障自动诊断、报警和显示功能。

e. 标准数据接口,可接受和传送设备运行数据。

10.3.4.2 复合设备滤棒自动检测及剔除功能完好、可靠和准确。

10.3.4.3 可配备在线自动取样装置。

10.3.5 技术要点

10.3.5.1 生产环境条件应符合"2.8.3.3"要求,且可调可控。

10.3.5.2 压缩空气应符合"2.8.2.3"要求,并应进行过滤,防止污染滤棒。

10.3.5.3 烟用材料质量和卷接设备性能应互相匹配,可满足产品设计要求。

10.3.5.4 复合滤棒中不同特征的滤棒应交替排列,不应有错位或缺失现象。

10.3.5.5 应制定合理的设备参数并监控,确保设备性能达标。

10.3.5.6 应根据复合滤棒产品设计要求,通过试验确定合理的复合滤棒工艺参数并监控。

10.4 滤棒发送

10.4.1 工艺任务

按照卷接机组的生产需要，将滤棒及时输送至卷接机台。

10.4.2 来料标准

同"10.1.3.1"、"10.1.3.2"和"10.2.3.2"。

10.4.3 质量要求

发送前后滤棒物理质量特性无明显变化。

10.4.4 设备性能

10.4.4.1 滤棒发射机组由滤棒料盘卸盘设备与滤棒发射设备组成，具有将装盘后滤棒通过卸盘、输送、发射至卷接机台的功能。

10.4.4.2 必要时，可配置滤棒发射交换装置和自动取样装置。

10.4.4.3 颗粒复合滤棒发射机组宜具有自动清理功能。

10.4.4.4 外香型滤棒应采用专用发射机组、专用管道发射。

10.4.4.5 应具备滤棒计数功能。

10.4.5 技术要点

10.4.5.1 应根据实际需求，合理设计发射距离及气流压力。

10.4.5.2 发送过程中，应保证滤棒完好，避免输送过程滤棒褶皱缩头。

11

卷接包装

11.1　烟丝配送

11.1.1　工艺任务

按照卷接机组的生产需要，将烟丝及时输送至卷接机台。

11.1.2　来料标准

11.1.2.1　同"1.3.1.1 f"。

11.1.2.2　来料烟丝松散，流量应满足生产需求。

11.1.3　质量要求

11.1.3.1　配送后烟丝质量应符合表11-1要求。

表11-1　　　　　　　配送后烟丝质量指标要求　　　　　　单位：%

指标	要求
整丝率降低	≤2.5
含水率降低	≤0.5

11.1.3.2　不同时间间隔、不同机台的同规格烟丝结构应无明显差异。

11.1.4　设备性能

11.1.4.1　宜采用风力送丝系统，包括但不限于：

　　a. 应满足卷接机组的生产能力需要。

　　b. 具备烟丝配送中保持配方完整和结构均匀的能力。

　　c. 宜具有除杂装置。

　　d. 各输送管道内风速分布应均匀，且可调可测，风量应可自动平衡。

11.1.4.2　可采用小车送丝系统，送丝准确、顺畅。

11.1.5　技术要点

11.1.5.1　生产环境条件应符合"2.8.3.3"要求，且可调可控。

11.1.5.2　压缩空气应符合"2.8.2.3"要求，并应进行过滤，防止污染烟丝。

11.1.5.3　送丝风管

　　a. 风速宜不高于18.0m/s。

　　b. 应尽可能减少弯头数量，弯头内壁平整、光滑。

11.2　烟支卷接

11.2.1　工艺任务

　　将合格烟丝和符合产品设计要求的烟用材料，制成质量与规格符合产品设计要求的烟支。

11.2.2　来料标准

11.2.2.1　烟丝质量要求同"1.3.1.1 f"和"11.1.3"。

11.2.2.2　滤棒应满足"10.2.3"或"10.3.3"要求。

11.2.2.3　烟用材料应满足"附录A　烟用材料质量要求"。

11.2.3 质量要求

11.2.3.1 烟支外观质量应不低于相关国家和行业标准的规定。

11.2.3.2 烟支物理质量应符合"1.3.1.2 a"要求。

11.2.3.3 烟支不应空头，即烟支端头不应同时出现表11-2规定的空陷深度和空陷截面比两种情况。

表11-2　　　　　　　　　　　判定烟支空头条件

指标	要求
空陷深度/mm	> 1.0
空陷截面比	> 1/3

11.2.3.4 烟用材料工艺损耗率应符合"1.3.2.1 b"要求。

11.2.4 设备性能

11.2.4.1 设备应具有：

a. 烟支重量自动控制系统，可对烟支重量进行监测、自动控制、调节、剔除和统计。

b. 烟支空头、缺嘴、漏气自动检测及剔除、计数功能。

c. 卷烟纸、接装纸自动拼接及拼接头烟支自动剔除功能。

d. 故障自动诊断、报警和显示功能。

e. 若配备在线激光打孔装置，应具有检测功能。

f. 必要时，可配备在线自动取样装置。

g. 标准数据接口，可接受和传送设备运行数据。

11.2.4.2 烟支自动监测及剔除功能完好、可靠和准确。

11.2.4.3 梗签剔除装置完好、可靠和准确。

11.2.5 技术要点

11.2.5.1 生产环境条件应符合"2.8.3.3"要求，且可调可控。

101

11.2.5.2 压缩空气压力、真空压力应满足设备需求。

11.2.5.3 烟丝质量、烟用材料质量和设备性能应相互匹配，可满足产品设计要求。

11.2.5.4 应对设备参数进行监控，确保设备完好，设备参数包括但不限于：

　　a. 风压、布带张力。

　　b. 分切偏差、钢印位置、密端位置。

11.2.5.5 应对工艺参数进行有效控制，确保关键工艺参数符合要求，工艺参数包括但不限于：

　　a. 风室负压、回丝量。

　　b. 平准器位置、烙铁温度。

　　c. 剔除重量、硬度不合格品限度值。

11.2.5.6 宜设置标准偏差指标，强化对烟支质量的控制，其中：

　　a. 吸阻标准偏差宜小于等于40Pa。

　　b. 单支重量标准偏差宜小于等于21mg。

　　c. 硬度标准偏差宜小于等于2.5%。

11.2.5.7 其他

　　a. 应定期校准烟丝平准器及同步器。

　　b. 应对施胶方式和施胶量进行控制，特别是滤嘴通风卷烟应防止通风孔堵塞。

　　c. 应对设备关键部位进行及时清洁。

　　d. 应进行特殊时段的质量自检。

11.3　烟支包装

11.3.1　工艺任务

　　将合格烟支和符合产品设计要求的烟用材料，制成质量与规格均符合产品设计要求的盒装或条装。

11.3.2　来料标准

11.3.2.1　烟支

　　a. 同"11.2.3.1"和"11.2.3.2"。

　　b. 不得错牌。

　　c. 方向一致。

11.3.2.2　烟用材料

　　a. 应满足"附录A　烟用材料质量要求"。

　　b. 不得错牌。

11.3.3　质量要求

11.3.3.1　烟支包装后质量应不低于相关国家和行业标准的规定。

11.3.3.2　包装工艺损耗率应达到表11-3规定的指标要求。

表11-3　　　　　　　　　包装工艺损耗率指标要求　　　　　单位：%

指标	要求
小盒商标纸损耗率	≤0.5
内衬纸损耗率	≤2.0
BOPP薄膜（盒）损耗率	≤1.5
条盒商标纸损耗率	≤0.5
BOPP薄膜（条）损耗率	≤1.0

11.3.3.3　条盒间应无粘连现象。

11.3.4　设备性能

11.3.4.1　设备应具有：

　　a. 烟支空头、小盒缺支、条盒（条包）缺盒检测、剔除、计数和报警功能。

　　b. 内衬纸、BOPP薄膜、包装纸（条与盒）、封签、拉带、内衬架检　　**103**

测、报警和停机功能。

c. 设备故障自动诊断、报警和显示功能。

d. 机组可联机运行或单机运行。

e. 标准数据接口，可接受和传送设备运行数据。

11.3.4.2 自动监测及剔除功能完好、可靠和准确。

11.3.5 技术要点

11.3.5.1 生产环境条件应符合"2.8.3.3"要求，且可调可控。

11.3.5.2 压缩空气压力、真空压力供给应满足设备需求。

11.3.5.3 烟用材料质量和设备性能应互相匹配，满足产品设计要求。

11.3.5.4 应对设备参数进行监控，确保设备完好，设备参数包括但不限于：

a. 内衬纸偏移量。

b. 小包拉线偏移量。

c. 美容器条盒纸位置和条盒拉线位置。

11.3.5.5 应对工艺参数进行监控，关键工艺参数应达标，工艺参数包括但不限于：

a. 美容器温度。

b. 热封温度。

11.3.5.6 其他

a. 应对设备关键部位进行及时清洁。

b. 应进行特殊时段的质量自检。

11.4 装箱

11.4.1 工艺任务

将包装成条后的合格产品和符合产品设计要求的烟用材料，制成合格的箱装卷烟。

11.4.2　来料标准

11.4.2.1　同"11.3.3"。

11.4.2.2　烟用材料应满足"附录A　烟用材料质量要求"。

11.4.3　质量要求

11.4.3.1　装箱后质量应不低于相关国家和行业标准的规定。

11.4.3.2　纸箱工艺损耗率不大于0.1%。

11.4.4　设备性能

11.4.4.1　设备应具有：

　　a. 缺条、牌号识别及报警功能。

　　b. 自动堆积、装箱、封箱功能。

　　c. 设备故障自动诊断、报警和显示功能。

　　d. 标准数据接口，可接受和传送设备运行数据。

11.4.4.2　各种自动检测系统及装置完好。

11.4.5　技术要点

11.4.5.1　生产环境条件应进行控制和调节，并符合工艺要求。

11.4.5.2　压缩空气压力、真空压力应满足设备需求。

11.4.5.3　材料质量和设备性能应互相匹配，满足产品设计要求。

12

工艺管理

12.1 职责

12.1.1 应建立健全工艺管理组织架构，明确工艺管理活动的目标、任务和职责，并根据企业特点和实际情况，在组织架构中予以合理分配。

12.1.2 工艺管理的主要职责应至少覆盖工艺技术标准制（修）订、工艺加工过程控制、工艺保障条件管理、工艺消耗管理、工艺测试与评价、工艺研究与改进等范围。

12.1.3 工艺管理的主要任务是彰显品牌风格特征，有机结合产品设计与生产实现过程，系统开展工艺设计、加工过程控制和持续改进等工作，有效保障并不断提升产品质量水平。

12.2 工艺参数与指标管理

12.2.1 工艺参数与指标确定

12.2.1.1 工艺参数与指标的确定应以突显并保持品牌风格特征和保障产品质量为目标。

12.2.1.2 应依据品牌风格特征与产品设计要求，以工艺流程为基础，通过工艺论证、工艺测试、感官评价等试验过程及相应评审流程，结合生产实际和设备控制能力，确定工艺参数与指标（项目、目标值和范围）。

12.2.1.3 工艺参数与指标应在加工过程控制中严格执行，当产品设计要求、设备性能等相关条件发生变化时，应对工艺参数与指标进行确认，必要时可经评审、验证和确认等程序后变更。

12.2.2 工艺参数与指标分类

12.2.2.1 应依据工艺参数与指标特点，结合不同的组织层级、控制方式以及对产品质量影响程度，对工艺参数与指标的实施权限、实施方式进行分类管理，分类情况可根据实际情况的变化进行适时调整。

12.2.2.2 可按照工艺参数与指标的特性、重要程度、管理属性或者其他适宜的方式进行分类，也可根据实际情况将若干种分类方法结合使用。分类方法包括但不限于以下三种：

a. 按特性一般可分为三类：质量指标、工艺参数和设备参数。质量指标是体现产品质量特性的指标；工艺参数是直接保证和实现质量指标的加工参数；设备参数是支撑并保障工艺参数的设备状态参数。

b. 按重要程度一般可分为三类：关键参数、主要参数、一般参数。参数重要程度的划分一般是依据参数对品牌风格贡献度、产品质量影响程度、顾客感知与接受程度。

c. 按管理属性一般可分为三类：强制类、参考类、监测类。强制类是严格按照工艺技术标准要求必须执行的参数；参考类是生产时可根据实际运行情况进行调整的参数；监测类是在生产过程中一般不直接控制和干预，通常只用于过程分析的参数。

12.2.2.3 当产品设计要求、过程控制水平、设备性能或其他条件发生变化时，应对工艺参数与指标的分类进行确认，必要时可进行调整。

12.2.3 工艺参数与指标监测

12.2.3.1 工艺参数与指标监测一般包括离线检验和在线监测两种方式，可根据监测对象的特点及生产实际情况选取适宜的监测方式，必要时，同一工艺参数与指标也可同时采用以上两种监测方式。

12.2.3.2 离线检验应针对在制品质量指标的符合性检验与评价方法，制定规范性文件。宜包括检测内容、取样点、取样方法、检验频次、检验方法、判定准则等要求。离线检验也可对在线监测参数进行验证性评价。

12.2.3.3 在线监测应制订相应的监测和数采方案，且方案应作为工艺技术标准的一部分进行控制。方案至少应包括监测工位、监测装置、数据采集频次、采集方式、数据分组、数据处理等要求，其中数据处理宜包括数据修约、异常数据剔除等内容。

12.2.4 工艺参数与指标控制

12.2.4.1 工艺参数与指标控制的关键要素是"5M1E"（人、机、料、法、环、测）。

12.2.4.2 工艺参数与指标控制应以实现产品设计要求为目标，全面体现"三个转变"，即由控制指标向控制参数转变、由结果控制向过程控制转变、由人工控制经验决策向自动控制科学决策转变，保障产品质量稳定。

12.2.4.3 工艺参数与指标控制应遵循质量指标、工艺参数和设备参数间的基本影响规律，即设备参数保障工艺参数、工艺参数保障质量指标，构建合理的控制模式与方法，实现良性互动。

12.2.4.4 在制订同一类参数中不同参数项目控制策略和模式时，应充分考虑参数间的控制逻辑关系，科学确定控制对象和方法。

12.2.4.5 工艺参数与指标控制应根据其分类情况、监视方式制订相应的控制方法与手段，包括参数的调控依据、调控权限、调控范围和调控方式。

12.2.5 工艺参数与指标评价

12.2.5.1 工艺参数与指标评价方式可由企业根据工艺与质量要求重点自行确定，一般可采用合格率、过程能力指数（CP、CPK、PPK等）或过程西格玛水平等方式。

12.2.5.2　工艺参数与指标评价应有相应的方案，一般包括评价对象、评价周期、评价模型、评价指标与方法等内容。

12.2.5.3　工艺参数与指标评价一般应按照加工流程展开，覆盖所有过程的参数与指标。可根据参数重要性分类情况和监视方式的不同情况，确定适宜的评价周期和方法。

12.2.5.4　工艺参数与指标评价的输出一般应作为工艺改进和加工过程考核的输入。

12.3　工艺条件保障

12.3.1　设备性能保障

12.3.1.1　应将各加工工序的"设备性能"要求，结合企业自身情况转化为内部设备性能技术参数及要求。

12.3.1.2　应依据满足产品设计及工艺设计要求的原则，确定企业内部设备性能技术参数及要求，满足加工过程质量特性与工艺参数的要求，并具有持续满足能力。

12.3.1.3　设备性能应从可调性、可控性及稳定性等方面持续提升。

　　a. 可调性一般与设备加工能力和范围相关。主要包括加工流量的能力范围、加工强度的实现范围、加工尺寸的调节范围、加工原料和材料的适应范围等。

　　b. 可控性一般与设备自动化与智能化水平相关。主要包括参数与指标控制精度、在线计量检测水平、自动化控制程度、防错纠偏能力等。

　　c. 稳定性一般与设备维修保养水平相关。反映设备长期运行的稳定程度，主要包括设备运行效率、参数与指标控制精度的长期稳定性等。

12.3.1.4　设备性能技术参数及要求是设备选型的重要依据，同时也是设备大修、中修及改造后验收标准的重要内容。

12.3.1.5 应针对设备性能技术参数与要求，制订相应的设备点检与维保方案。

12.3.1.6 应制订设备性能评价机制，一般包括评价周期、评价对象、评价方法和评价标准、评价结果。评价结果应作为设备点检和维修保养方案改进的输入。

12.3.2 加工能源保障

12.3.2.1 工业用水、电、气、汽应满足"2.8.2"要求。

12.3.2.2 应依据加工过程所需技术保障条件，确定适宜的能源供应指标，一般包括品质指标和稳定性指标。

12.3.2.3 品质指标是指能源质量特性指标；稳定性指标反映品质指标的波动和连续保障情况，针对能源供应异常波动，企业应建立相应生产应急预案。

12.3.2.4 应加强能耗管理，并制定规范性文件，包括能耗统计指标、方法、分析及定额等。

12.3.2.5 应健全完善能源计量监测手段，最终形成"工厂级、车间级、工段（机台）级"三级计量体系。

12.3.3 生产环境保障

12.3.3.1 温湿度条件保障

a. 应建立环境温湿度管理方案，方案包括各工序及工段温湿度指标要求、测点布置、指标监测、指标评价及指标异常处置等。

b. 温湿度控制系统工作能力应满足工艺要求，室内风管及进风、出风口布置合理，空气循环良好。

c. 生产区域隔热、隔湿性能良好，不应发生因室内外温差大而出现的结露现象。门窗封闭性能良好，并加强对空调场所门窗开启管理。

12.3.3.2 虫情控制保障

a. 应建立虫情管控机制，包括虫情控制区域、虫情监视、虫情防控、灭虫措施等方案。

b. 虫情控制应注重掌握虫情规律性，应从时间规律性、区域规律性和环境规律性等方面综合考虑，有针对性开展防控工作。

c. 虫情防控应注重综合治理，包括防虫设计、诱捕监视、药物灭虫、深度清洁和生产性预防等内容。

——防虫设计包括厂房防虫设计和设备防虫设计等。厂房防虫设计应注重减少不便打扫的高位平台、地（墙）面缝隙、孔洞等，并合理设计布置和安装防虫设施；设备防虫设计应充分考虑减少隐蔽空间、防止物料积料、便于设备清洁保养等要求。

——虫情监视装置应按虫情规律性进行有针对性的合理布局，定期对虫情密度进行统计，根据结果实施相应防控措施，包括深度清洁、药物灭虫等措施。

——药物灭虫应制定详细管理方案，包括灭虫时机、灭虫区域、在制品及相关设施防护办法、灭虫安全风险辨识、管控措施和配套应急预案等。

——深度清洁应针对卫生死角有计划地开展深度清洁工作，降低烟虫滋生几率。

——生产性预防措施主要包括在生产区域设置、生产组织、烟草物料存放、包装与处置等方面，实施预防性措施。

12.3.4 工艺人员保障

12.3.4.1 应确保从事影响加工过程及产品要求符合性的人员具备相应能力。

12.3.4.2 从事工艺管理、质量控制与检验以及与产品质量密切相关的人员，应经过相应岗位技能培训并获得资格后方可上岗，并须不断提升其技能。

12.3.4.3 关键工序操作人员应经过严格的岗位培训，测评合格后方能上岗操作。在工艺、设备或操作方法等条件发生变化时，应及时开展相应培训。

12.4 工艺质量风险控制

12.4.1 风险评估

12.4.1.1 工艺质量风险评估一般包括：风险识别、风险分析与风险评价。

12.4.1.2 风险识别的主要任务和目的是确定存在的问题和风险，包括潜在的假设。

　　a. 风险识别一般按加工和作业流程展开，尤其要关注严重影响品牌风格特征、产品质量的关键工序、转序过程和特殊时段的质量风险。

　　b. 风险识别需考虑的因素一般包括作业流程设计合理程度、作业人员能力素质、加工过程能力、设备防错纠错能力、烟用材料质量情况、检测计量装置失效情况、环境保障条件等方面。

　　c. 历史发生的质量异常和缺陷，以及过程相关因素的重大变化都是风险识别的重要依据和启动条件。

12.4.1.3 风险分析的主要任务和目的是利用相关信息和适宜工具，对已确定风险发生的严重性、可能性和可检测性进行分析。风险分析是风险评估的核心，需要有经验的技术人员和工艺质量管理人员共同完成。

12.4.1.4 风险评价的主要任务和目的是依据预先确定的风险标准，对已确定并经分析的风险进行等级评价。

　　a. 一般可用风险系数（RPN）进行等级评价。

　　b. 风险评价应定期开展，周期不宜超过一年。

12.4.1.5 在发生设备变更或大修、作业流程变化明显、工艺参数或流程调整程度较大时，应重新进行风险评价或启动新的风险识别。

12.4.2 风险控制

12.4.2.1 风险控制一般包括：风险降低和风险接受。

12.4.2.2 风险降低是指对于已评估的风险，采取技术或管理措施降低风险，以达到可接受水平。一般可从降低风险后果严重程度、发生概率和提高发现风险能力等三方面采取措施。

12.4.2.3　常见技术措施一般包括设备防错纠错技术、不合格品检测及剔除技术、在线监测与智能化控制技术等方面。

12.4.2.4　常见管理措施一般包括管理和作业流程优化、标准化作业程序、可视与看板管理、6S（整理、整顿、清扫、清洁、素养、安全）管理等方面。

12.4.2.5　风险接受是指是否接受风险的决定。对于风险评估等级很低的风险，可维持现状不采取措施；对于等级较高的风险，经采取风险降低措施后，应对其残余风险进行再评估，以确定是否能接受。

12.4.3　工艺质量异常处置

12.4.3.1　工艺质量异常处置是指加工过程不合格品的处置，其方法一般包括异常分类、异常处理、纠正预防等方面。

12.4.3.2　异常分类主要依据不合格品数量、不合格特性、可弥补或返工机会、异常接受程度等进行划分，企业可根据产品特性和自身情况确定合适的异常分类原则和标准。

12.4.3.3　异常处置需规范内容一般包括处置评审、处置流程、处置权限、处置方式等。

12.4.3.4　异常处置输出的纠正与预防措施，一般应成为工艺质量风险识别的输入。

12.5　工艺消耗控制

12.5.1　应根据产品设计要求，结合生产实际情况和行业先进消耗指标制订企业自身消耗指标体系，可分解至工段与机台，并建立企业消耗管理方案。

12.5.2　应对影响物料消耗的各类工艺、设备参数进行识别，确定合理的控制标准和范围，实现各类工艺设备操作环节的物料消耗精准控制。

12.5.3 应对卷烟加工过程中各类设备影响物耗的关键点进行识别，并制定相应控制要求，确保设备关键点处于良好运行状态。确保消耗数据采集计量设备的完好，运行正常，满足计量精度要求。

12.5.4 应建立异常消耗预警管理机制，规范管理、技术、操作人员对各级物耗异常报警的监控、反应和处置，及时采取控制措施。

12.5.5 应对产品加工环节产生的可回收品、半成品、废次品等物料损耗及生产线剩余物料进行分类处置与管理，并建立处置流程和管理标准。

12.6　工艺监督与检查

12.6.1 工艺监督与检查内容应包括工艺参数与指标、工艺条件保障的符合性以及工艺管理文件的执行情况，及时发现和纠正偏差。

12.6.2 应有计划地开展加工过程的监督与检查，指导和监督工艺流程、工艺参数与指标、工艺要求与纪律的贯彻执行。

12.6.3 工艺监督与检查宜采用分级管理，根据各级工艺管理部门的职能，确定检查范围、项目与频次。

12.6.4 应对工艺监督与检查结果进行统计与分析，及时发现改进机会，并把不符合项作为下次监督与检查的重点。

12.7　工艺评价与改进

12.7.1　工艺评价

12.7.1.1　工艺评价包括日常工艺参数与指标评价、工艺监督与检查、计划性工艺验证与工艺测试、产品质量评价、制造过程能力评价和工艺管理体系运行有效性审核等内容。

12.7.1.2　应定期开展产品均质化评价，尤其是在产品配方、烟用材料、加工工艺发生较大变化时应及时开展；产品在多点、多线、多机台生产时，转线（机台）应开展均质化评价，并持续开展日常评价工作。均质化评价方法可根据企业具体产品及相关要求进行制订。

12.7.1.3 应定期开展卷烟制造过程能力评价，对于制造过程能力水平较低的工序应及时开展诊断与改进。

12.7.1.4 应定期开展工艺消耗评价，验证工艺消耗控制效果，并结合工艺消耗指标完成情况，对造成物料高耗的工序、流程、操作方法等进行改进。当生产组织形式、工艺参数、加工设备或其他条件发生变化时，应及时开展工艺消耗评价。

12.7.1.5 应定期开展工艺验证工作，工艺验证的内容主要包括工艺参数、设备性能参数等，尤其是日常无法有效获取的数据参数，确认其科学性、合理性及符合性。设备大修、中修、改造及新设备上线等，必须开展工艺验证工作。

12.7.1.6 应定期开展工艺管理体系运行有效性审核，可与企业质量管理体系内部审核合并开展，重点是工艺管理工作策划、技术标准和作业标准执行、工艺持续改进等。

12.7.2 持续改进

12.7.2.1 应建立工艺持续改进工作机制，其输入一般包括：顾客投诉与反馈、质量目标实现情况、纠正和预防措施、行业对标、竞争牌号分析、管理体系内外审核结果、产品设计需求、工艺评价结果等内容。

12.7.2.2 应针对改进内容特点采取不同方式与工具实施改进，应具备完善的改进管理流程，包括方案策划、方案论证、改进实施、结果验证等方面。

12.7.2.3 改进成果的输出宜纳入工艺技术标准优化工作的输入范畴。

13

————

过程检测与测试

13.1　在制品质量检测

13.1.1　检测任务

13.1.1.1　真实、准确、及时地测量工序在制品工艺质量指标实现情况，指导过程控制。

13.1.1.2　检测数据用于评价工序加工水平和控制能力及判定在制品质量是否达到要求。

13.1.2　检测原则

13.1.2.1　生产过程中应对在制品质量进行自检、抽检和巡检。

13.1.2.2　检测可分为日常检测、工艺测试。

13.1.2.3　配置在线自动检测仪器的工序，应以在线仪器检测结果为准，应按规定对检测仪器进行校验和维护，确保检测仪器的准确性；未配置在线自动检测仪器的工序，应采用离线检测。

13.1.2.4　样品应具有代表性，应保证样品完整性。

13.1.3　检测项目

检测项目见"附录D　在制品工艺质量检测项目"。

13.1.4 检测方法

13.1.4.1 含水率

a. 在线水分仪法

（a）检测点设置

——在线水分仪宜设置于被检测工序设备入口或出口约3.0m内的位置；对回潮、气流干燥等出口为高温物料的工序，宜设置于设备出料输送装置至另一输送装置搭接后的位置。

——红外水分仪，检测探头应垂直于探测烟草物料面，探头至物料面高度约为（25±10）cm，物料连续且物料厚度应大于5.0cm。

（b）计量性能

按照JJG（烟草）29—2011《烟草加工在线水分仪检定规程》进行在线水分仪检定、使用中检验，达到规程中规定的水分仪计量性能要求。

（c）样品检测

在线水分仪检测阻尼（平滑时间）一般不超过10s，在线水分仪检测输出数据不需作平滑处理，中控从服务器采集数据应采用等时间间隔抽取方法，且采集时间间隔一般不超过15s。

b. 烘箱法

（a）取样方法

取样宜在生产运行稳定阶段，于各工序设备入口或出口300cm范围内或水分仪探测点后20cm范围内随机取样约50～100g，置于密闭样品盒（袋）内。

（b）样品制备

样品混合均匀后，取一定量样品置于已知重量的样品盒中，及时盖上盒盖并立即称重，精确至0.001g，每个样品应至少平行测定两次。

（c）样品检测

当烘箱温度稳定在（100±1）℃时，将待测样品盒盖打开并将盒盖放在盒子底部置入烘箱中层，样品盒放置密度应不小于1个/120cm²，关闭烘箱门并开始计时，2h后打开烘箱门，将样品盒逐一加盖后取出置于干燥器内，冷却至室温后分别称重，精确至0.001g。计算样品含水率，公式如下：

$$W = \frac{m_1 - m_2}{m_1} \times 100\% \quad \cdots\cdots\cdots\cdots\cdots\cdots\cdots \quad (13-1)$$

式中　W——样品含水率（%）；

m_1——烘前样品重量（g）；

m_2——烘后样品重量（g）。

计算平行样的含水率平均值。

注1：含水率测定结果以平行试验结果的平均值表示，精确至0.01%。

注2：平行试验结果若绝对差大于0.30%时，应重新抽样检测。

13.1.4.2　温度

a. 检测点

在被检工序设备出口约30cm位置处。

b. 检测仪器

红外测温仪（-80~500℃，发射率0~1，烟草制品发射率一般取0.95）或接触式温度计（-80~200℃，精度等级为1.0）。

c. 操作程序

（a）红外测温仪检测，距离物料10~30cm处测量物料温度。应连续测量10次，计算平均值。

（b）接触式温度计检测，用绝热容器迅速盛装被测物料并压实，将温度计插入容器中心，当温度计温度不再升高时，读取温度显示值。应至少检测3个位置，计算平均值。

13.1.4.3　叶片结构

按GB/T 21137—2007《烟叶　片烟大小的测定》规定进行取样、制备、检测。

13.1.4.4　叶中含梗率

按GB/T 21136—2007《打叶烟叶　叶中含梗率的测定》规定进行取样、制备、检测。

13.1.4.5　烟梗结构

按YC/T 147—2010《打叶烟叶　质量检验》规定进行取样、制备、检测。

注：烟梗结构划分为＞20mm的长梗率和＜6mm的短梗率，按规格分类与计算。

13.1.4.6　梗中含叶率

按YC/T 147—2010《打叶烟叶　质量检验》规定进行取样、制备、检测。

13.1.4.7　含梗拐率

在烟梗复烤后或已包装烟梗中随机抽取1000～1500g样品，人工挑拣出烟梗中烟茎及含烟茎烟梗，用感量为0.1g的电子天平称重并记录。计算公式如下：

$$G = \frac{g_1}{g} \times 100\% \quad\cdots\cdots\cdots\cdots\cdots\cdots\cdots\cdots\cdots\cdots (13-2)$$

式中　G——含梗拐率（%）；

g_1——烟茎及含烟茎烟梗重量（g）；

g——样品重量（g）。

13.1.4.8　含细梗率

a. 样品制备

在烟梗烤后或已包装烟梗中随机抽取100～150g样品。

b. 检测仪器

感量为0.1g的电子天平；多层振动筛分器。

c. 操作程序

按GB/T 21136—2007《打叶烟叶　叶中含梗率的测定》规定的多层振

动筛分器及筛分方法，将2.38mm直径以下的烟梗分离，称重并记录。计算公式如下：

$$X = \frac{x_1}{x} \times 100\% \quad \cdots\cdots\cdots\cdots\cdots\cdots\cdots\cdots \quad (13-3)$$

式中　X——含细梗率（%）；

　　　x_1——细梗重量（g）；

　　　x——样品重量（g）。

13.1.4.9　批内烟片烟碱变异系数

a. 在线检测

在生产运行稳定阶段，烟片复烤机出口设置的近红外光谱检测仪，实时检测复烤烟片的烟碱含量，批次内取样不少于10次。

b. 离线检测

批次内等时间间隔人工取样检测，批次内取样不少于10次，按照YC/T 160—2002《烟草及烟草制品　总植物碱的测定　连续流动法》或采用近红外光谱检测仪，检测样品烟碱含量。

c. 结果计算

烟碱变异系数计算公式如下：

$$CV_N = \frac{\sqrt{\sum_{i=1}^{n}(N_i - \overline{N})^2 / (n-1)}}{\overline{N}} \times 100\% \quad \cdots\cdots\cdots\cdots \quad (13-4)$$

式中　CV_N——批内烟片烟碱变异系数（%）；

　　　N_i——第 i 次样品烟碱含量（%），i 取1，2，$\cdots$，n 的自然数；

　　　$\overline{N}$——n 个样品烟碱含量平均值（%）。

13.1.4.10　箱内片烟密度偏差率

按GB/T 31786—2015《烟草及烟草制品　箱内片烟密度偏差率的无损检测　电离辐射法》进行取样检测。

13.1.4.11　杂物及含杂率

按YC/T 147—2010《打叶烟叶　质量检验》规定进行取样、检测。

13.1.4.12 物料流量变异系数

在生产运行稳定阶段，以电子皮带秤瞬时物料流量数据作为原始数据。
计算公式如下：

$$CV_f = \frac{S_f}{\overline{F}} \times 100\% \quad\cdots\cdots\cdots\cdots\cdots\cdots\cdots\cdots\cdots\cdots (13-5)$$

式中　CV_f——物料流量变异系数（%）；

　　　S_f——物料流量标准偏差（kg/h）；

　　　$\overline{F}$——物料流量均值（kg/h）。

13.1.4.13 加料（香）总体精度

设定香料（香精）施加比例，根据实际通过一批物料的实际香精香料施加比例，计算加料（香）总体精度。计算公式如下：

$$\delta_{lx} = \frac{|C_{lx} - P_{lx}|}{P_{lx}} \times 100\% \quad\cdots\cdots\cdots\cdots\cdots\cdots\cdots\cdots (13-6)$$

式中　δ_{lx}——加料（香）总体精度（%）；

　　　C_{lx}——加料（香）实际比例（%）；

　　　P_{lx}——加料（香）设定比例（%）。

13.1.4.14 加料（香）比例变异系数

在生产运行稳定阶段，取每间隔30s内加料（香）前电子秤物料累积量 W_1 和对应延时时间内加料（香）累积量 W_x，用 $C_i = \frac{W_x}{W_1} \times 100\%$ 公式计算瞬时加料（香）比例 C_i，每批连续采集计算 C_i 不少于30次。加料（香）比例变异系数计算公式如下：

$$CV_\delta = \frac{\sqrt{\sum\limits_{i=1}^{n}(C_i - \overline{C_i})^2/(n-1)}}{\overline{C_i}} \times 100\% \quad\cdots\cdots\cdots\cdots (13-7)$$

式中　CV_δ——加料（香）比例变异系数（%）；

　　　C_i——第 i 次加料（香）比例(%)，i取1，2，…，n 的自然数；

　　　$\overline{C_i}$——n 个加料（香）比例平均值（%）。

13.1.4.15　总体掺配精度

采用比例掺配的工序，设定掺配物料掺配比例，计算批次掺配物料的实际掺配比例。计算公式如下：

$$\delta_{wp} = \frac{|R - R^\circ|}{R^\circ} \times 100\% \quad\cdots\cdots\cdots\cdots\cdots\cdots\cdots\cdots\quad (13-8)$$

式中　δ_{wp}——总体掺配精度（%）；

　　　R——掺配物料实际掺配比例（%）；

　　　R°——掺配物料设定掺配比例（%）。

13.1.4.16　回透率

从真空回潮后烟包中随机抽检若干样品，挑出未回透的烟片，称量（感量0.1kg），计算回透率。计算公式如下：

$$B = \frac{b - b_1}{b} \times 100\% \quad\cdots\cdots\cdots\cdots\cdots\cdots\cdots\cdots\quad (13-9)$$

式中　B——回透率（%）；

　　　b——样品重量（kg）；

　　　b_1——未回透烟片重量（kg）。

13.1.4.17　松散率

从松散回潮出料振槽出口，随机抽检若干样品。挑出未松散的烟片，称量（感量0.1kg），计算松散率。计算公式如下：

$$A = \frac{a - a_1}{a} \times 100\% \quad\cdots\cdots\cdots\cdots\cdots\cdots\quad (13-10)$$

式中　A——松散率（%）；

　　　a——样品重量（kg）；

　　　a_1——未松散烟片重量（kg）。

注：未松散烟片是指结块烟片、两片及以上烟叶重叠，以及烟片含水率或温度明显偏低的烟片。

13.1.4.18　生产非稳态时间

非稳态时间，是指生产过程中工序质量指标（如含水率、温度）超出指标期望范围或处于非稳定生产状态（料头、料尾、断料及数据异常等）的持续时间。工序非稳态时间宜应用工序出口水分仪采集的数据为数据源，判断出工序的料头、料尾及过程超出指标期望范围的时长之和作为非稳态时间。计算公式如下：

$$T = T_1 + T_2 \quad\cdots\cdots\cdots\cdots\cdots\cdots\quad (13-11)$$

式中　T——工序生产非稳态时间（s）；

　　　T_1——批高于指标期望值累计时长（s），即在线水分仪数据为有效但超出指标允差上限范围外的时间；

　　　T_2——批低于指标期望值累计时长（s），即在线水分仪数据为有效但超出指标允差下限范围外的时间。

注：水分仪有效数据以水分仪能够连续探测到物料含水率变化为基准；指标允差上下限，结合历史正常生产批次的趋势（高限、低限），通过3σ水平估计在指标的n倍允差范围内设定。非稳态持续时间用非稳态数据个数乘以采样周期计算。

13.1.4.19　干头干尾（量）率

a. 检测仪器

电子秤（感量0.1kg）。

b. 操作程序

以干燥机出口处红外水分仪读数为基准，在批次生产开始、结束阶段，接出含水率设定值±2.5%以外的烟草物料，称重，均匀混合后实验室检测接出烟草物料含水率，以12.0%含水率折算出烟草物料标准重量，作为干头干尾量。干头干尾率计算公式如下：

$$D = \frac{d}{E} \times 100\% \quad\cdots\cdots\cdots\cdots\cdots\quad (13-12)$$

式中　D——干头干尾率（%）；

d——干头干尾量（12.0%含水率计）（kg）；

E——批次投料重量（12.0%含水率计）（kg）。

13.1.4.20　叶丝宽度

待生产运行稳定后，在切叶丝机出口处随机取样50g置于样品盒中，之后再从样品盒中随机选取30根叶丝备用。采用烟草投影仪或放大镜（10倍，最小刻度值0.1mm）测量。

应测量叶丝边缘规则、平整的部位；微调叶丝一边与分度线中间刻度线相切，测量宽度，计算其平均值。

13.1.4.21　梗丝厚度

待生产运行稳定后，在切梗丝机出口处随机取样50g置于样品盒中，之后再从样品盒中随机选取30根梗丝备用。采用显微镜(50倍及以上，最小刻度值0.01mm)测量。

应测量梗丝边缘规则、平整的部位；微调梗丝一边与分度线中间刻度线相切，测量厚度，计算其平均值。

13.1.4.22　烟（叶、梗）丝结构

a.三层筛分法

按YC/T 178—2003《烟丝整丝率、碎丝率的测定方法》的规定进行取样、检测。

b.五层筛分法

（a）取样与样品处理

生产运行稳定阶段，在工序出口输送装置上，将金属取样盘置于物料输送装置末端，从烟草物料流截面自由下落处，接取烟（叶、梗）丝样品约500g。每隔约10 min取样一次，共取五次。在实验室内将五个样品分别缓慢倾倒于约400 mm×600 mm的塑料盘上，并在(22±1)℃，RH（60±2）%条件下平衡12h。

（b）检测仪器

拍击式或平面旋转偏心式五层检测筛（ϕ300mm×50mm），标准筛网

（12.50mm、3.35mm、1.70mm、0.85mm、0.50mm），烟末接盘，分析天平（感量为0.001g）。

（c）操作程序

设定旋转频率为（350±5）r/min，设定筛分时间为5min，对平衡后的每个烟丝样品，分别按以下步骤进行检测：称量（150±5）g，缓慢倒入最上层筛网，启动检测筛，筛分结束后将12.50mm网筛上的烟丝合并入3.35mm网筛上的烟丝中，分别称量3.35mm、1.70mm、0.85mm、0.50mm筛网及烟末接盘上的烟丝重量，计算各层筛网烟丝质量分数。

（d）测试结果

计算五个样品各层筛网筛分的烟丝质量分数平均值作为测试结果。

13.1.4.23 烟（叶）丝填充值

按YC/T 152—2001《卷烟 烟丝填充值的测定》规定进行取样、检测。

13.1.4.24 梗丝填充值

按YC/T 163—2003《卷烟 膨胀梗丝填充值的测定》规定进行取样、检测。

13.1.4.25 烟（梗）丝纯净度

称量约100g烟（梗）丝，并记录。将样品中梗块、梗签、杂物等分离出，称重（感量为0.1g）并记录。计算公式如下：

$$Q_c = \frac{G - \varphi_n}{G} \times 100\% \quad\cdots\cdots\cdots\cdots\cdots\cdots (13-13)$$

式中　Q_c——烟（梗）丝纯净度（%）；

　　　φ_n——样品中梗块、梗签及杂物重量（g）；

　　　G——样品重量（g）。

13.1.4.26 浸渍烟丝中CO₂含量

a. 样品制备

叶丝松散后，随机取样约100g，置于样品瓶中，立即盖上瓶盖，对装有叶丝的样品瓶称重，并记录。共取三次，取得3个样品。

b. 检测仪器

电子天平（感量为0.1g）。

c. 操作程序

将叶丝样品瓶置于环境温度为（22±2）℃，相对湿度为（60±5）%的实验室环境条件下，打开样品瓶盖子，放置1.0h后，盖上盖子称重，并记录；之后将瓶中叶丝全部倒出，盖上盖子，再对样品瓶进行称重。计算公式如下：

$$W_h = \frac{M_1 - M_2}{M_1 - M_3} \times 100\% \quad \cdots\cdots\cdots\cdots\cdots\cdots\cdots (13-14)$$

式中 W_h——叶丝中CO_2含量（%）；

M_1——取样后装有叶丝的样品瓶重量（g）；

M_2——打开瓶盖放置1.0h装有叶丝的样品瓶重量（g）；

M_3——样品瓶重量（g）。

计算三个样品的平均值作为测试结果。

13.1.4.27 卷烟和滤棒长度

按GB/T 22838.2—2009《卷烟和滤棒物理性能的测定 第2部分：长度 光电法》的要求执行。

13.1.4.28 卷烟和滤棒圆周

按GB/T 22838.3—2009《卷烟和滤棒物理性能的测定 第3部分：圆周 激光法》的要求执行。

13.1.4.29 卷烟和滤棒质量

按GB/T 22838.4—2009《卷烟和滤棒物理性能的测定 第4部分：卷烟质量》的要求执行。

13.1.4.30 卷烟吸阻、滤棒压降

按GB/T 22838.5—2009《卷烟和滤棒物理性能的测定 第5部分：卷烟吸阻和滤棒压降》的要求执行。

13.1.4.31 硬度

按GB/T 22838.6—2009《卷烟和滤棒物理性能的测定 第6部分：硬

度》的要求执行。

13.1.4.32　卷烟含末率

按GB/T 22838.7—2009《卷烟和滤棒物理性能的测定　第7部分：卷烟含末率》的要求执行。

13.1.4.33　烟支、滤棒含水率

按GB/T 22838.8—2009《卷烟和滤棒物理性能的测定　第8部分：含水率》的要求执行。

13.1.4.34　卷烟外观

按GB/T 22838.12—2009《卷烟和滤棒物理性能的测定　第12部分：卷烟外观》的要求执行。

13.1.4.35　滤棒圆度

按GB/T 22838.13—2009《卷烟和滤棒物理性能的测定　第13部分：滤棒圆度》的要求执行。

13.1.4.36　滤棒外观

按GB/T 22838.14—2009《卷烟和滤棒物理性能的测定　第14部分：滤棒外观》的要求执行。

13.1.4.37　烟用材料成型度

根据包装机需折叠烟用材料（如内衬纸）成型尺寸制作试样，将其沿折叠方向20mm处弯曲，施加约300g的金属压块，使烟用材料弯曲处弯压至90°，施压8s后去掉压块，等待3s后，测量烟用材料反弹角度，该角度表征为烟用材料成型度。

13.1.4.38　烟用材料端面平整

取试样平放在台面上，目测有无明显端面倾斜、弯曲等现象。若有明显不平整，则使用端面平整度仪进行测试。

检测盘型材料端面"十"字交叉的两条直线，每条直线读取最大值及最小值，其差值即为本直线位置端面平整度。另一端面同上操作。取4条直线中最大的平整度测试值作为该盘材料的测试结果（保留至0.1mm）。

13.1.4.39 烟支滤嘴通风率

按GB/T 22838.15—2009《卷烟和滤棒物理性能的测定　第15部分：卷烟　通风的测定　定义和测量原理》的要求执行。

13.1.4.40 烟支端部落丝量

按GB/T 22838.17—2009《卷烟和滤棒物理性能的测定　第17部分：卷烟　端部掉落烟丝的测定　振动法》的要求进行执行。

13.1.4.41 烟支密度

计算公式如下：

$$DS = \frac{M_z^o}{V_z} \quad\cdots\cdots\cdots\cdots\cdots\cdots\cdots\cdots\cdots\cdots\cdots (13-15)$$

式中　DS——烟支密度（mg/cm^3）；

M_z^o——烟支含丝标准重量（mg）；

V_z——烟支烟丝段体积（cm^3）。

13.1.4.42 烟支烟丝密度分布

按YC/T 476—2013《烟支烟丝密度测定　微波法》的要求执行。

13.1.4.43 含签烟支率

a. 样品制备

生产运行稳定后，在卷烟机出口随机取样100支卷烟。

b. 操作程序

从样品中随机抽取20支，逐支剥开，检查并统计烟丝中含有1.5mm×1.5mm以上块状梗或长度大于8mm梗签的烟支数，计算含梗签烟支比率，公式如下：

$$P_s = \frac{S_t}{20} \times 100\% \quad\cdots\cdots\cdots\cdots\cdots\cdots\cdots\cdots (13-16)$$

式中　P_s——含签烟支率（%）；

S_t——含梗签烟支数（支）。

13.1.4.44　批内烟支焦油量和烟气烟碱量波动值、变异系数

a. 样品制备

用同一批烟丝卷制的卷烟，同机台、等时间间隔取样n次（$n \geqslant 20$），每次取样40支或2盒。样品不进行平衡、不挑选。

b. 检测仪器与操作程序

焦油量按GB/T 19609—2004《卷烟　用常规分析用吸烟机测定总粒相物和焦油》测定。

烟气烟碱量按GB/T 23355—2009《卷烟　总粒相物中烟碱的测定　气相色谱法》测定。

c. 检测结果

检测数值经检验剔除异常值，计算批内烟支焦油量、烟碱量波动值，公式如下：

$$T_f = T_{max} - T_{min} \quad\quad\quad\quad\quad\quad\quad\quad (13-17)$$

式中　T_f——批内烟支焦油量（烟碱量）波动值(mg)；

T_{max}——批内烟支焦油量（烟碱量）最大值(mg)；

T_{min}——批内烟支焦油量（烟碱量）最小值(mg)。

检测数值经检验剔除异常值，计算批内焦油量、烟碱量变异系数，公式如下：

$$CV_T = \frac{\sqrt{\sum (T_i - \bar{T})^2 / (n-1)}}{\bar{T}} \times 100\% \quad\quad\quad (13-18)$$

式中　CV_T——批内卷烟焦油量（烟碱量）变异系数（%）；

T_i——第i次焦油量（烟碱量）检测值（mg），i取1，2，…，n的自然数；

$\bar{T}$——批内卷烟焦（烟碱量）均值（mg）。

13.1.4.45　叶片形状系数

a. 样品制备

叶梗分离一打后，随机取打后叶片不少于50片。

b. 检测仪器与操作程序

使用精度为0.1mm直尺，分别量取每片叶片最大长度和最小宽度，计算宽度与长度之比即为每片叶片的形状系数。

c. 测试结果

计算所测样品形状系数的平均值作为测试结果。

13.1.4.46 整丝率降低、变化率

a. 样品制备

按照13.1.4.22中方法，在同一生产批次内，按照批次生产时间等时间间隔，进行烟丝结构样品取样，分别对膨胀烟丝冷却回潮工序、膨胀烟丝风选工序、烟丝配送工序前后，以及卷烟机进料与烟枪出口烟丝的烟丝结构进行检测。

b. 检测结果

计算工序前后整丝率降低，公式如下：

$$\Delta T = T_{c1} - T_{c2} \quad\cdots\cdots\cdots\cdots\cdots\cdots\cdots\cdots\quad (13-19)$$

式中　ΔT——整丝率降低（%）；

T_{c1}——工序前整丝率（%）；

T_{c2}——工序后整丝率（%）。

计算三次重复测量的平均值。

计算工序前后整丝率变化率，公式如下：

$$\Delta T_b = \frac{T_2}{T_1} \times 100\% \quad\cdots\cdots\cdots\cdots\cdots\cdots\quad (13-20)$$

式中　ΔT_b——整丝率变化率（%）；

T_1——工序前烟丝整丝率（%）；

T_2——工序后烟丝整丝率（%）。

计算三次重复测量的平均值。

13.1.4.47 梗签剔除物含丝量

a. 样品制备

卷烟机运行稳定后，在卷烟机梗签剔除物的收集口处，在不影响收集口

处负压稳定条件下，每隔5min收集约100g样品，共3次。

b. 检测结果

称量梗签剔除物样品总质量，将烟丝与梗签分离干净，称量烟丝质量。计算公式如下：

$$G_s = \frac{Q_s}{Q} \times 100\% \qquad\qquad\qquad (13-21)$$

式中　G_s——梗签剔除物含丝量（%）；

　　　Q_s——分离烟丝质量（g）；

　　　Q——梗签剔除物总质量（g）。

计算三次重复测量的平均值，结果精确至0.1%。

13.2   在线仪器仪表校验

13.2.1   校验任务

13.2.1.1   运用实验室检测手段和标准检定方法，检定和修正在线仪器检测的准确性。

13.2.1.2   校验与比对仪器、仪表，及时发现并排除仪器仪表故障与缺陷，确保仪器仪表处于良好运行状态。

13.2.2   校验原则

13.2.2.1   应定期对检测仪器仪表校验，确保其准确性。

13.2.2.2   应定期对检测仪器维护、保养，每日应对探测头及仪器进行清理。

13.2.2.3   失效仪器应及时维修或更换。

13.2.3   校验项目

a. 电子皮带秤计量精度。

b. 在线水分仪示值误差。

c. 在线温度仪示值误差。

d. 水、香料流量计计量精度。

13.2.4 校验方法

13.2.4.1 电子皮带秤计量精度

13.2.4.1.1 模拟负荷法

使用已知重量的标准砝码均匀的放置于电子皮带秤称量段上运行，待砝码均匀流过电子皮带秤后，记录电子皮带秤的累计显示值，重复测量三次，测试中要求$P_s \geqslant 50$kg。计算公式如下：

$$\delta_{ds} = \frac{|C_s - P_s|}{P_s} \times 100\% \quad\quad (13-22)$$

式中 δ_{ds}——电子皮带秤计量精度（%）；

P_s——放置砝码累计重量（kg）；

C_s——电子皮带秤显示累计重量（kg）。

计算三次重复测量的平均值。

13.2.4.1.2 实物过料法

使用一定重量的烟草物料，重量大于50kg。将称量后的物料按设备额定流量通过电子皮带秤或在出口处收集全部物料，称重，与电子皮带秤累计值比较。重复测量三次，计算平均值。

13.2.4.2 在线水分仪示值误差

在物料正常通过时，在在线水分仪探头前方15cm左右取样，确保所取样品已被在线水分仪测量，记录在线水分仪显示值；把取样得到的物料放入密封样品袋，采用烘箱法测量样品含水率。取样次数不少于5次。计算公式如下：

$$S = \sum_{i=1}^{n} |X_i - Y_i|/n \quad\quad (13-23)$$

式中 S——在线水分仪示值误差（%）；

X_i——烘箱法实测第i次物料含水率（%），i取1，2，…，n的自然数；

Y_i——在线水分仪显示第i次物料含水率（%），i取1，2，…，n的自然数；

n——检测的次数。

13.2.4.3　在线温度仪示值误差

在物料正常通过时，在在线温度仪探头前方一点距离取样，确保所取样品刚被在线红外测温仪所测量，记录在线温度仪显示值；把取样得到物料迅速装入保温容器内，用在线温度仪检定装置测量样品温度。取样次数不少于3次。计算公式如下：

$$\delta_w = \sum_{i=1}^{n} |C_i - P_i|/n \quad\quad\quad (13-24)$$

式中　δ_w——在线温度仪示值误差（℃）；

C_i——检定装置实测第i次物料温度（℃），i取1，2，…，n的自然数；

P_i——在线温度仪显示第i次物料温度（℃），i取1，2，…，n的自然数；

n——检测的次数。

13.2.4.4　流量计计量精度

设定流量计流量，稳定后，用容器收集1min内流出的物料重量，求出实际流量。测量三次。计算公式如下：

$$\delta_L = \frac{|C_L - P_L|}{P_L} \times 100\% \quad\quad\quad (13-25)$$

式中　δ_L——流量计计量精度（%）；

P_L——设定流量（L/h）；

C_L——实际流量（L/h）。

计算三次流量计计量精度的平均值。

13.3 设备工艺性能点检

13.3.1 点检任务

13.3.1.1 点检设备工艺性能，验证其工艺条件保证能力。

13.3.1.2 点检设备工艺性能，发现并排除设备故障与缺陷，保证设备处于良好运行状态。

13.3.2 点检原则

13.3.2.1 应根据工序设备使用状况及设备结构性能，确定应进行点检的项目、内容以及周期。

13.3.2.2 应明确采取的点检方法、基准及期望通过设备工艺性能点检所达到的状态。

13.3.3 点检项目

点检项目见"附录E 设备工艺性能点检项目"。

13.3.4 点检方法

13.3.4.1 管道风速、风量

在管道上设置测风速孔，使风速仪探头置于管道中央，测量并记录其风速值。重复测定三次。计算公式如下：

$$Q_f = V_f \times S_f \times 3600 \quad \cdots\cdots\cdots\cdots\cdots\cdots\cdots (13-26)$$

式中 Q_f——风量（m^3/h）；

V_f——风速（m/s）；

S_f——风管截面积（m^2）。

计算三次测量的平均值。

13.3.4.2 网面风速

在网面横截面方向等距离选择五个点，使风速仪探头分别置于该五个点上，测量其风速值。计算五个点测试的平均值。

13.3.4.3 滚筒转速

用秒表测量滚筒转动十圈所用时间（秒计）。测量三次，计算其平均值。

13.3.4.4 传送带速度

用秒表测定传送带移动3.00m所用时间，求出速度。重复测定三次，计算平均值。

13.3.4.5 物料通过时间

工序正常生产时，将与烟草物料形态、结构相似的三个标识物（纯白卷烟纸等）同时从设备入口投入，测量标识物从入口到出口所用时间，并计算其平均值。重复测量五次，计算各次平均值的平均值。

13.3.4.6 物料厚度

在工序运行稳定并确认物料均匀展开后，在网带或振槽横截面方向划分七等分，用直尺（最小刻度值1.0mm）在第2、4、6等分，分别测量物料厚度，并计算其平均值。在输送方向测量三处，计算物料厚度平均值。

13.3.4.7 切叶（梗）丝合格率

待生产运行稳定后，在切叶（梗）丝机出口，随机取样150～200根，检测样品并统计不符合标准的样品数量。计算公式如下：

$$Q_{h2} = \frac{G_s - \varphi_{o2}}{G_s} \times 100\% \quad \cdots\cdots\cdots\cdots\cdots (13-27)$$

式中　Q_{h2}——切丝合格率（%）；

　　　φ_{o2}——不合格样品数（根）；

　　　G_s——被检测样品数（根）。

13.3.4.8 压辊间隙

压辊表面清洁后，运转压梗机，将五根锡条（软质无回弹材料）在压辊长度方向分五点置入，压后取锡片，用游标卡尺（最小刻度值0.05mm）测量压梗机出口处锡条厚度。计算公式如下：

$$Y_n = \frac{|AC_n - SP|}{SP} \times 100\% \quad \cdots\cdots\cdots\cdots\cdots\cdots \quad (13-28)$$

式中　Y_n——根据第n根锡条检测结果计算出的间隙控制精度（%），n取　　　1，2，3，4，5；

　　　SP——压辊间隙设定值（mm）；

　　　AC_n——第n次检测结果（mm）。

压梗机间隙控制精度取被检测锡条间隙控制精度结果的最大值。

13.3.4.9　滤棒成型工艺和设备参数

YC/Z 482—2013《卷烟制造过程标准体系　构成与要求》构建的设备性能指标，包括但不限于辊速比、辊压力、空气喷嘴压力、增塑剂施加比例、烙铁温度、开松压力、涨紧压力、加热器温度、甘油酯含量、热胶喷嘴检测、冷热胶气管漏气检测等工艺参数和设备状态参数，应：

　　a. 定期对设备性能要素指标进行验证评价，确保设备性能达标。

　　b. 对工艺参数进行监控，关键工艺参数应100%达标。

　　c. 对设备状态参数进行监控，确保设备完好。

13.3.4.10　卷烟工艺和设备参数

YC/Z 482—2013《卷烟制造过程标准体系　构成与要求》构建的设备性能指标，包括但不限于烙铁温度、劈刀位置、重量剔除轻重限、软硬点限度、漏气剔除量、空头剔除量、回丝量、风压、风速、密实端位置及增量、重量检测、漏气检测、空松检测、剔除及取样阀工作状态等工艺参数和设备状态参数，应：

　　a. 定期对设备性能要素指标进行验证评价，确保设备性能达标。

　　b. 对工艺参数进行监控，关键工艺参数应100%达标。

　　c. 对设备状态参数进行监控，确保设备完好。

13.3.4.11　包装工艺和设备参数

YC/Z 482—2013《卷烟制造过程标准体系　构成与要求》构建的设备性能指标，包括但不限于美容器温度、热封温度、空头监测、缺支监测、内衬纸检测、白卡纸检测、商标纸正反面检测、小包金拉线检测、缺包检测、条盒纸检测等工艺参数和设备状态参数，应：

  a. 定期对设备性能要素指标进行验证评价，确保设备性能达标。

  b. 对工艺参数进行监控，关键工艺参数应100%达标。

  c. 对设备状态参数进行监控，确保设备完好。

13.4　经济指标测试

13.4.1　测试项目

打叶复烤出片率、打叶复烤出梗率、打叶复烤成品得率、出叶丝率与制叶丝损耗率、出梗丝率与制梗丝损耗率、出烟丝率与制烟丝损耗率、烟丝利用率与卷接包损耗率、原料利用率与总损耗率、万支卷烟原料消耗、材料（卷烟纸、接装纸、滤棒及商标纸）损耗率、卷接包残烟量。

13.4.2　测试方法

13.4.2.1　标准重量

烟草物料标准重量按含水率12.0%折算，计算公式如下：

$$M^{\circ} = M \times \frac{1 - W}{1 - 12.0\%} \times 100\% \quad \cdots\cdots\cdots\cdots\cdots\cdots (13-29)$$

式中　M°——以12.0%含水率折算的烟草物料标准重量（kg）；

   W——实测含水率（%）；

   M——实测烟草物料重量(kg)。

13.4.2.2 打叶复烤出片率

a. 出片率

计算公式如下：

$$f_y = \frac{M_y^o}{M_{Tl}^o} \times 100\% \quad\cdots\cdots\cdots\cdots\cdots\cdots\cdots\cdots\quad (13-30)$$

式中 f_y——出片率（%）；

M_{Tl}^o——投料烟叶标准重量（kg）；

M_y^o——产出烟片标准重量（kg）。

b. 有效出片率

计算公式如下：

$$f_{yx} = f_y \times \frac{1 - f_{yg}}{1 - \gamma_{qg}} \times 100\% \quad\cdots\cdots\cdots\cdots\cdots\quad (13-31)$$

式中 f_{yx}——有效出片率（%）；

f_y——出片率（%）；

f_{yg}——叶中含梗率（%）；

γ_{qg}——全叶含梗率（%）。

13.4.2.3 打叶复烤叶片损耗率

计算公式如下：

$$f_{ysh} = 1 - f_y \times \frac{1 - f_{yg}}{1 - \gamma_{qg}} \times 100\% \quad\cdots\cdots\cdots\cdots\cdots\quad (13-32)$$

式中 f_{ysh}——叶片损耗率（%）；

f_y——出片率（%）；

f_{yg}——叶中含梗率（%）；

γ_{qg}——全叶含梗率（%）。

13.4.2.4 打叶复烤出梗率

a. 出梗率

计算公式如下：

$$f_g = \frac{M_g^o}{M_{Tl}^o} \times 100\% \qquad \cdots\cdots\cdots\cdots\cdots\cdots\cdots\cdots\cdots\cdots \text{（13－33）}$$

式中 f_g——出梗率（％）；

M_{Tl}^o——实际投料烟叶标准重量（kg）；

M_g^o——产出烟梗标准重量（kg）。

b. 有效出梗率

计算公式如下：

$$f_{gx} = \frac{f_g}{\gamma_{qg}} \times 100\% \qquad \cdots\cdots\cdots\cdots\cdots\cdots\cdots\cdots\cdots \text{（13－34）}$$

式中 f_{gx}——有效出梗率（％）；

f_g——出梗率（％）；

γ_{qg}——全叶含梗率（％）。

13.4.2.5 打叶复烤成品得率

计算公式如下：

$$f_{df} = \left(1 - \frac{M_E^o}{M_{Tl}^o}\right) \times 100\% \qquad \cdots\cdots\cdots\cdots\cdots\cdots \text{（13－35）}$$

或

$$f_{df} = \frac{M_y^o + M_g^o + M_p^o}{M_{Tl}^o} \times 100\% \qquad \cdots\cdots\cdots\cdots\cdots\cdots \text{（13－36）}$$

式中 f_{df}——打叶复烤成品得率（％）；

M_E^o——排出物标准重量（kg）；

M_{Tl}^o——投料烟叶标准重量（kg）；

M_y^o——产出烟片标准重量（kg）；

M_g^o——产出烟梗标准重量（kg）；

M_p^o——产出碎片标准重量（kg）。

13.4.2.6 出叶丝率

计算公式如下：

$$f_{ys} = \frac{M^o_{ys}}{M^o_{Ty}} \times 100\% \quad\cdots\cdots\cdots\cdots\cdots\cdots\cdots (13-37)$$

或

$$f_{ys} = \frac{M^o_{Ty} - M^o_{Ey}}{M^o_{Ty}} \times 100\% \quad\cdots\cdots\cdots\cdots\cdots (13-38)$$

式中　f_{ys}——出叶丝率（％）；

M^o_{Ty}——投料烟片标准重量（kg），含片烟、再造烟叶等；

M^o_{ys}——产出叶丝标准重量（kg）；

M^o_{Ey}——排出物标准重量（kg）。

13.4.2.7　出梗丝率

计算公式如下：

$$f_{gs} = \frac{M^o_{gs}}{M^o_{Tg}} \times 100\% \quad\cdots\cdots\cdots\cdots\cdots\cdots\cdots (13-39)$$

或

$$f_{gs} = \frac{M^o_{Tg} - M^o_{Eg}}{M^o_{Tg}} \times 100\% \quad\cdots\cdots\cdots\cdots\cdots (13-40)$$

式中　f_{gs}——出梗丝率（％）；

M^o_{gs}——制梗丝产出梗丝标准重量（kg）；

M^o_{Tg}——制梗丝投料烟梗标准重量（kg）；

M^o_{Eg}——制梗丝排出物标准重量（kg）。

13.4.2.8　出烟丝率

计算公式如下：

$$f_{js} = \frac{M^o_{js}}{M^o_{Ty} + \sum\left(\frac{R_i \times M^o_{Ti}}{M^o_{si}}\right) \times M^o_{ys}} \times 100\% \quad\cdots\cdots\cdots (13-41)$$

或

$$f_{js} = \left[1 - \frac{M^o_{Ey} + \sum\left(R_i \times \frac{M^o_{Ei}}{M^o_{si}}\right) \times M^o_{ys} + M^o_{Eh}}{M^o_{Ty} + \sum\left(R_i \times \frac{M^o_{Ti}}{M^o_{si}}\right) \times M^o_{ys}}\right] \times 100\% \quad\cdots\cdots (13-42)$$

式中　f_{js}——出烟丝率（%）；

M^o_{Ty}——投料烟片标准重量（kg），含片烟、再造烟叶等；

M^o_{Ti}——掺配物生产工段投料标准重量（kg），i可取烟梗、膨胀用烟片、再造烟片等；

R_i——以叶丝计掺配物掺配比例（%），i可取梗丝、膨胀丝、再造烟叶丝等；

M^o_{js}——产出烟丝标准重量（kg），当加香后无计量装置时用 $(1 + \sum R_i) \times M^o_{ys} - M^o_{rh}$ 换算；

M^o_{ys}——产出叶丝标准重量（kg）；

M^o_{si}——掺配物生产工段产出的掺配物标准重量（kg），i可取梗丝、膨胀丝、再造烟叶丝等；

M^o_{Ey}——烟片处理工段至制叶丝工段排出物标准重量（kg）；

M^o_{Ei}——掺配物生产工段排出物标准重量（kg），i取梗丝、膨胀丝、再造烟叶丝等；

M^o_{Eh}——掺配加香工段排出物标准重量（kg）。

13.4.2.9　卷烟制丝、卷接包总损耗率

计算公式如下：

$$\eta = \frac{M^o_{Es} + M^o_{Ej}}{M^o_{T}} \times 100\% \cdots\cdots\cdots\cdots\cdots\cdots (13-43)$$

或

$$\eta = \frac{M^o_{T} - M^o_{z} \times N \times 10^{-2}}{M^o_{T}} \times 100\% \cdots\cdots\cdots\cdots\cdots\cdots (13-44)$$

式中　η——原料总损耗率（%）；

M^o_{T}——投入原料标准重量（kg）。原料指片烟、烟梗、再造烟叶等，不适合原烟；

M^o_{Es}——制丝排出物标准重量（kg）；

M^o_{Ej}——卷接包排出物标准重量（kg）；

M_z^o——单支含丝标准重量（mg）；

N——成品卷烟支数（万支）。

13.4.2.10 原料利用率

计算公式如下：

$$f = 1 - \eta \quad\cdots\cdots\cdots\cdots\cdots\cdots\cdots\cdots\cdots\cdots\cdots\cdots\cdots\quad (13-45)$$

式中 f——原料利用率（%）；

η——原料总损耗率（%）。

13.4.2.11 卷烟企业万支卷烟原料消耗

a. 投入产出法

计算公式如下：

$$C = \frac{M_T^o}{N} \quad\cdots\cdots\cdots\cdots\cdots\cdots\cdots\cdots\cdots\cdots\cdots\quad (13-46)$$

式中 C——万支卷烟实际原料消耗（kg）；

M_T^o——投入原料的标准重量（kg），含片烟、烟梗、再造烟叶等；

N——卷烟成品支数（万支）。

b. 工艺损耗法：

计算公式如下：

$$C = \frac{M_z^o}{f} \times 10^{-2} \quad\cdots\cdots\cdots\cdots\cdots\cdots\cdots\cdots\cdots\quad (13-47)$$

式中 C——万支卷烟实际原料消耗（kg）；

M_z^o——单支含丝标准重量（mg）；

f——原料利用率（%）。

13.4.2.12 材料损耗率（卷烟纸、接装纸、滤棒、商标纸）

计算公式如下：

$$F = \frac{H - J}{H} \times 100\% \quad\cdots\cdots\cdots\cdots\cdots\cdots\cdots\quad (13-48)$$

式中　F——材料损耗率（%）；

　　　H——万支卷烟实际消耗材料数量（卷烟纸和接装纸，kg或m；滤棒，万支；商标，张）；

　　　J——万支卷烟理论消耗材料用量（卷烟纸和接装纸，kg或m；滤棒，万支；商标，张）。

13.4.2.13　卷包原料损耗率

计算公式如下：

$$\eta_{cig} = \frac{M_{Ej}^{o}}{M_{Tj}^{o}} \times 100\% \quad\cdots\cdots\cdots\cdots\cdots\cdots\cdots \text{（13 - 49）}$$

式中　η_{cig}——卷包原料损耗率（%）；

　　　M_{Tj}^{o}——卷包投料烟丝标准重量（kg）；

　　　M_{Ej}^{o}——卷包排出烟丝（含梗签）标准重量（kg）。

13.4.2.14　卷包残烟量

计算公式如下：

$$\eta_{cs} = \frac{M_{cs}^{o}}{N} \quad\cdots\cdots\cdots\cdots\cdots\cdots\cdots\cdots\cdots \text{（13 - 50）}$$

式中　η_{cs}——卷包残烟量（kg/万支）；

　　　M_{cs}^{o}——卷包过程排除残烟重量（kg）；

　　　N——合格成品卷烟支数（万支）。

附录A

烟用材料质量要求

A.1　基本质量要求

A.1.1　烟用材料应符合国家和行业标准规定的质量要求，相关标准见"附录G　引用标准和规范"。

A.1.2　烟用材料应符合国家和行业相关的安全卫生标准。

A.2　补充质量要求

A.2.1　卷烟纸

A.2.1.1　上机后运行状态应平稳，不应有明显跳动、摆动现象。

A.2.1.2　卷芯应牢固，不易变形，不宜脱落。

A.2.1.3　上机运行中应不断纸，且不应有严重影响生产的掉粉现象。

A.2.1.4　接头黏结应牢固，黏接处不应透层，接头质量不应影响卷烟卷制。

A.2.2　钢印印刷油墨

A.2.2.1　钢印印刷油墨物理指标见附表A-1。

附表A-1   钢印印刷油墨指标要求

指标	要求	测试方法
颜色	按设计要求	GB/T 14624.1—2009
着色力/%	设计值±5	GB/T 14624.2—2008
细度/μm	≤12.5	QB/T 2624—2012
黏性	设计值±1.5	GB/T 18723—2002
流动度/mm	设计值±6	GB/T 14624.3—2008

A.2.2.2 使用性能

a. 使用过程中应保证印刷效果清晰，不应出现模糊、拖墨等现象。

b. 使用过程中不应出现飞溅、积墨、滴漏等影响机台正常生产的现象。

A.2.3 烟用接装纸

A.2.3.1 接装纸物理指标见附表A-2。

附表A-2   接装纸物理指标要求

指标	要求			测试方法
	≤150CU	>150CU且≤400CU	>400CU	
透气度/CU	设计值±设计值×12%	设计值±设计值×10%	设计值±设计值×8%	GB/T 23227—2008
透气度变异系数/%	≤5.0			GB/T 23227—2008
纵向抗张强度/（kN/m）	≥1.5			GB/T 12914—2008
定量/（g/m²）	设计值±设计值×4.5%			GB/T 451.2—2002
纵向伸长率/%	≥1.0			GB/T 12914—2008
交货水分/%	设计值±1.5			GB/T 462—2008
非印刷面接触角/°（2μL/5s）	设计值±20			YC/T 424—2011

A.2.3.2 使用性能

a. 上机后运行状态应平稳，不应有明显跳动、摆动现象。

145

b. 卷芯应牢固，不易变形，不宜脱落。

c. 上机运行中应不断纸，无明显落粉，接装纸印刷面对印刷面不应发生粘连现象。

d. 接装纸接头黏结应牢固，不应有上下层粘连现象，接头质量不应影响卷烟接装。

A.2.4　烟用水基胶

A.2.4.1　卷烟搭口胶不应堵塞喷嘴，应确保卷烟无爆口现象。

A.2.4.2　卷烟接嘴胶应保持良好的流动性与黏结性能，使用过程不产生飞胶现象，不易使卷烟滚刀以及切纸轮与搓板结胶，确保烟支接装质量良好，不宜产生漏气、泡皱现象。

A.2.4.3　滤棒中线胶不应堵塞喷嘴，应确保成型纸与丝束的粘连强度。

A.2.5　烟用内衬纸

A.2.5.1　烟用内衬纸物理指标见附表A-3。

附表A-3　　　　　　　　　　烟用内衬纸物理指标要求

指标	要求	测试方法
定量/（g/m²）	设计值±3.0	GB/T 451.2—2002
厚度/mm	设计值±0.005	GB/T 451.3—2002
交货水分/%	设计值±1.5	GB/T 462—2008
铝面宽度*/mm	设计值±1.5	GB/T 451.1—2002
成型度/度	复合型≤30，喷铝型≤55	见"13.1.4.37"
耐折度/次	≥20，表面涂层不允许有爆裂或明显裂纹	GB/T 457—2008
透湿量/[g/（m²·24h）]	按设计值	GB/T 1037—1988
端面平整/mm	≤1.5	见"13.1.4.38"

注：*适用于局部复合或真空镀铝（转移）的内衬纸。

A.2.5.2 使用性能

　a.上机后运行状态应平稳，不应有明显跳动、摆动现象。

　b.卷芯应牢固，不易变形，不宜脱落。

　c.上机运行中应不断纸。

　d.接头黏结应牢固，黏接处不应透层，接头质量不应影响包装外观。

　e.上机运行后不应出现表面铝箔脱落或墨色粘连现象，经过加热工序时不应出现铝箔变色现象。

A.2.6 卷烟条与盒包装纸印刷品

A.2.6.1 卷烟条与盒包装纸印刷品物理指标见附表A-4。

附表A-4　　　卷烟条与盒包装纸印刷品物理指标要求

指标	要求	测试方法
厚度/mm	设计值±设计值×5%	GB/T 451.3—2002
耐折性	经折叠后折痕处无明显油墨或铝层出现爆裂、裂纹或脱落现象，用手指触摸墨层或铝层不发生脱落，每条折痕处裂痕不应超过6处，单个裂痕尺寸不应超过1mm	YC/T 330—2009
定量/(g/m^2)	标称值$^{+标称值×6\%}$	GB/T 451.2—2002
平整度（卷曲高度）/mm	软盒单张≤8、整刀≤5；硬盒单张≤5、整刀≤5；条盒单张≤5、整刀≤8	GB/T 451.1—2002
模切规格/mm	设计值±0.25	GB/T 451.1—2002
静摩擦因数	≤0.5	GB 10006—1988

A.2.6.2 使用性能

　a.包装纸上机后运行状态应平稳，不宜造成机台卡纸、降速等

147

现象。

b. 包装纸应平整、不破损，不应卷曲、翘角和粘连，每叠包装纸中不应夹有杂物。

c. 卷筒类包装纸的卷芯应牢固，不易变形，不宜脱落。

d. 卷筒类包装纸上机运行中不应断纸。

e. 卷筒类包装纸接头黏结应牢固，拼接方式使用反面拼接，拼接后正面图案应完整、对齐，黏接处不应透层，不得发生溢胶使包装纸相互粘连，接头质量不应影响包装外观。

f. 喷铝类包装纸上机运行后不应出现表面铝箔脱落现象。

g. 包装纸上机运行后应确保折叠成型质量符合要求。

A.2.7 烟用热熔胶

A.2.7.1 烟用热熔胶物理指标见附表A–5。

附表A–5　　　　　　　烟用热熔胶物理指标要求

指标	要求	测试方法
使用温度/℃	设计值	厂商推荐值，不检测

A.2.7.2 使用性能

a. 在使用温度范围内满足开机使用的要求，熔融时间不宜过长。

b. 使用过程应满足机台易清洁的要求。

c. 滤棒搭口胶使用后，应确保满足滤棒在常温环境下放置6个月无爆口现象。

A.2.8 框架纸

A.2.8.1 框架纸物理指标见附表A–6。

附表A-6　　　　　　　　　　框架纸物理指标要求

指标	要求	测试方法
定量/（g/m²）	设计值±设计值×4%	GB/T 451.2—2002
亮度（白度）/%	≥80（仅指白卡纸）	GB/T 7974—2013
厚度/μm	白卡纸：设计值±15；印刷类或压纹类卡纸：设计值±20	GB/T 451.3—2002
挺度（横向）*/（mN·m）	≥2.1	GB/T 22364—2008
尘埃度/（个/m²）	0.2~1.5mm²：≤20；>1.5mm²：0	GB/T 1541—2013
交货水分/%	6.0±2.0	GB/T 462—2008
层间结合强度/（J/m²）	≥110	GB/T 26203—2010
光泽度（75°）/%	≥50	GB/T 8941—2013
宽度/mm	设计值±0.5	GB/T 451.1—2002

注：*适用于定量≥230g/m²类的非压纹框架纸。

A.2.8.2　使用性能

a. 上机后运行状态应平稳，不应有明显跳动、摆动现象。

b. 上机易切割，不易产生毛边。

c. 卷芯应牢固，不易变形，不宜脱落。

d. 接头黏结应牢固，黏接处不应透层，接头质量不应影响包装外观。

A.2.9　封签纸

A.2.9.1　封签纸物理指标见附表A-7。

附表A-7　　　　　　　　　　封签纸物理指标要求

指标	要求	测试方法
墨层耐磨性/mm	露底宽度≤0.2	YC/T 330—2014
套印误差/mm	≤0.2	YC/T 330—2014
模切规格/mm	设计值±0.25	GB/T 451.1—2002
定量/（g/m²）	设计值±3	GB/T 451.2—2002

续表

指标	要求	测试方法
交货水分/%	6.0±1.5	GB/T 462—2008
裁切宽度允差/mm	±0.5	GB/T 451.1—2002 或使用精度为0.02mm 的测量工具测量
裁切单边误差/mm	≤0.3	
色标间距误差/mm	纵向±0.5,横向±1.0	

A.2.9.2 使用性能

a. 上机后运行状态应平稳，不应有明显跳动、摆动现象。

b. 卷芯应牢固，不易变形，不宜脱落。

c. 上机运行中定位应准确。

d. 在使用时不应由于摩擦而脱色。

A.2.10 BOPP薄膜

A.2.10.1 上机后运行状态应平稳，不应有明显跳动、摆动现象。

A.2.10.2 卷芯应牢固，不易变形，不宜脱落。

A.2.10.3 上机运行中不应出现断裂，不应由于粉尘、静电而影响开机。

A.2.10.4 接头黏结应牢固，黏接处不应透层，接头质量不应影响包装外观。

A.2.10.5 上机经过热收缩加工后外观平整，不应出现过紧、过松和起皱现象，热封封口处薄膜不应有高温析出物。

A.2.10.6 表面应保证滑爽，在卷烟小盒、条盒输送过程中不应出现粘包、堵塞和输送不畅现象。

A.2.11 拉线

A.2.11.1 拉线物理指标见附表A-8。

附表A-8　　　　　　　　　　　拉线物理指标要求

指标	要求	测试方法
裁切单边误差/mm	≤0.2	GB/T 451.1—2002或使用精度为0.02mm的测量工具测量

A.2.11.2　使用性能

a. 上机后运行状态应平稳，不应有明显跳动、摆动现象。

b. 卷芯应牢固，不易变形，不宜脱落。

c. 上机运行中不应出现断裂、黏接不牢的现象。

A.2.12　纸箱

A.2.12.1　物理指标应符合YC/T 224—2007《卷烟用瓦楞纸箱》要求。

A.2.12.2　使用性能

a. 上机后不应出现输送不畅现象。

b. 上机后不应出现脱胶现象。

A.2.13　滤棒成型纸

A.2.13.1　上机后应运行平稳，不应有明显跳动、摆动，且不应有严重影响生产的掉粉现象。

A.2.13.2　接头应平整牢固，黏接处不应透层，接头质量不应影响滤棒成型质量。

A.2.14　沟槽滤棒瓦楞纤维纸

A.2.14.1　瓦楞纤维纸物理指标见附表A-9。

附表A-9 瓦楞纤维纸物理指标要求

指标	要求	测试方法
定量/（g/m²）	设计值±4	GB/T 451.2—2002
宽度/mm	设计值±0.2	GB/T 451.1—2002
厚度/μm	设计值±设计值×10%	GB/T 451.3—2002
亮度（白度）/%	≥80	GB/T 7974—2013
灰分/%	≤0.5	GB/T 742—2008
交货水分/%	6.5±1.0	GB/T 462—2008
端面平整/mm	≤2	见"13.1.4.38"
透气度/CU	设计值±设计值×10%	GB/T 23227—2008
纵向抗张强度/（N/15mm）	≥设计值	GB/T 12914—2008
伸长率/%	≥设计值	GB/T 12914—2008

A.2.14.2 使用性能

a. 上机后应运行平稳，不应有明显跳动、摆动，且不应有严重影响生产的掉粉现象。

b. 瓦楞纤维纸抗拉性能应满足机台运行需求，沟槽成型外观良好，沟槽压纹处不应破纸。

c. 整盘瓦楞纤维纸不应有接头。

A.2.15 烟用二醋酸纤维素丝束

A.2.15.1 烟用二醋酸纤维丝束物理指标见附表A-10。

附表A-10 烟用二醋酸纤维素丝束物理指标要求

指标	要求	测试方法
丝束线密度/ktex	设计值±0.06	YC/T 169.1—2009
丝束线密度变异系数/%	≤0.50	YC/T 169.1—2009
单丝线密度/dtex	设计值±0.15	YC/T 169.2—2009
卷曲数/（个/25mm）	设计值±3	YC/T 169.3—2009
水分含量/%	6.0±1.0	YC/T 169.8—2009
净重/kg	设计值±0.5	使用精度为0.1kg的磅秤

A.2.15.2　使用性能

a. 在包内应规则排放，易于抽出。

b. 上机后应运行平稳，不应有明显跳动、摆动，且不应有严重影响生产的飞花现象。

A.2.16　烟用三乙酸甘油酯

A.2.16.1　烟用三乙酸甘油酯物理指标见附表A-11。

附表A-11　　　　　烟用三乙酸甘油酯物理指标要求　　　　单位：%

指标	要求	测试方法
三乙酸甘油酯含量	≥99.5	YC 144—2008

A.2.16.2　使用性能

a. 包装应完好、无破损。

b. 上机使用过程中不应出现堵塞管路、施加不畅的现象。

A.2.17　滤棒添加剂

A.2.17.1　烟用活性炭物理指标应符合YC/T 265—2008《烟用活性炭》的要求。

A.2.17.2　其他滤棒添加剂应符合相关国家和行业标准，卷烟制造企业应结合各自实际情况制定滤棒添加剂标准。

A.2.18　滤棒

A.2.18.1　物理指标

a. 醋纤滤棒与沟槽滤棒应符合"10.1.3.1"和"10.1.3.2"的要求。

b. 复合滤棒应符合"10.2.3.1"的要求。

A.2.18.2　使用性能

a. 滤棒装盒应整齐有序，便于滤棒发射和卷接使用。

b. 滤棒发射、卷接过程中不应因爆口、弯折而导致管道堵塞、机台无法

153

使用。

A.2.19 卷烟纸长度、成型纸长度、接装纸长度、商标张数、滤棒支数等应符合附表A-12要求。

附表A-12　　　　　　　　　　烟用材料数量要求

材料类别	要求
卷烟纸/（m/盘）	≥设计值+20
成型纸/（m/盘）	≥设计值+20
接装纸/（m/盘）	≥设计值+20
商标/（张/包）	≥设计值+10
滤棒/（支/箱）	≥设计值+100

A.2.20 烟用材料外形尺寸规格应符合设备使用要求。

A.3 贮存要求

A.3.1 烟用材料贮存环境要求

A.3.1.1 烟用水基胶贮存温度15~35℃。

A.3.1.2 BOPP薄膜和拉线贮存温度与平衡温度差应小于15℃。

A.3.1.3 其他烟用材料贮存要求满足温度5~35℃，湿度≤70%。

A.3.2 烟用材料保质期限要求

A.3.2.1 烟用水基胶保质期限6个月。

A.3.2.2 滤棒保质期限6个月。

A.3.2.3 烟用二醋酸纤维素丝束保质期限18个月。

A.3.2.4 其他烟用材料保质期限12个月。

A.3.3 烟用材料超过保质期限要求应重新进行复检，必要时须经上机验证，合格后方可使用。

A.3.4　其他

A.3.4.1　烟用材料贮存仓库应保持适度通风。

A.3.4.2　所有烟用材料贮存应放置在托盘上，并先进先出。

A.4　平衡要求

烟用材料使用前应在温度20～30℃，湿度55%～65%条件下进行不少于24h的平衡。

A.5　其他要求

A.5.1　未列入上述范围内的其他烟用材料，卷烟制造企业应对材料质量要求、贮存要求及平衡要求制定相应标准。

A.5.2　若国家和行业标准对相关材料要求严于本规范，以国家和行业标准为准。

附录B

工艺设计指标计算公式

B.1 打叶复烤设计生产能力计算公式

$$C_{\mathrm{d}} = \frac{P_{\mathrm{d}}}{T_{\mathrm{d}}} \div \xi_{\mathrm{d}} \quad\cdots\cdots\cdots\cdots\cdots\cdots\cdots\cdots\cdots\cdots\quad (\mathrm{B}-1)$$

式中　C_{d}——打叶复烤设计生产能力（kg/h）；

　　　P_{d}——打叶复烤年加工原烟量（kg）；

　　　T_{d}——年作业时间（h）；

　　　ξ_{d}——生产线综合有效作业率。

B.2 制丝设计生产能力计算公式

$$C_{\mathrm{z}} = \frac{P_{\mathrm{j}} \times X_{\mathrm{y}}}{T_{\mathrm{z}}} \div \xi_{\mathrm{z}} \times \varphi \quad\cdots\cdots\cdots\cdots\cdots\cdots\cdots\quad (\mathrm{B}-2)$$

式中　C_{z}——制丝设计生产能力（kg/h）；

　　　P_{j}——卷烟年产量（箱）；

　　　X_{y}——单箱原料消耗（kg/箱）；

　　　T_{z}——年作业时间（h）；

　　　ξ_{z}——生产线综合有效作业率；

　　　φ——峰值系数。

B.3　卷接包设计生产能力计算公式

$$C_j = \frac{P_j}{T_j} \div \xi_j \times \varphi \quad\cdots\cdots\cdots\cdots\cdots\cdots\cdots\cdots\cdots\cdots（B-3）$$

式中　C_j——卷接包设计生产能力（万支/h）；

　　　P_j——卷烟年产量（万支）；

　　　T_j——年作业时间（h）；

　　　ξ_j——设备有效作业率；

　　　φ——峰值系数。

B.4　滤棒成型设计生产能力计算公式

$$C_l = \frac{P_j \times X_l}{T_l \times 60} \times L \div \xi_l \quad\cdots\cdots\cdots\cdots\cdots\cdots\cdots\cdots\cdots（B-4）$$

式中　C_l——滤棒成型设计生产能力（m/min）；

　　　P_j——卷烟年产量（箱）；

　　　X_l——单箱滤棒消耗（支/箱）；

　　　L——滤棒长度（m/支）；

　　　T——年作业时间（h）；

　　　ξ——设备有效作业率。

B.5　工艺加工能力核定

（1）设备工艺制造能力由式（B-5）计算：

$$Q = Q_1 \times \xi_m \quad\cdots\cdots\cdots\cdots\cdots\cdots\cdots\cdots（B-5）$$

式中　Q——设备工艺制造能力（kg/h或万支/h）；

　　　ξ_m——设备有效作业率（%）；

Q_1——设备额定生产能力（kg/h或万支/h）。

其中设备有效作业率计算公式为：

$$\xi_m = \frac{Q_2}{Q_1} \times 100\% \quad \cdots\cdots\cdots\cdots\cdots\cdots\cdots（B-6）$$

式中　ξ_m——设备有效作业率（%）；

　　　Q_1——设备额定生产能力（kg/h或万支/h）；

　　　Q_2——实际生产的合格产品（kg/h或万支/h）。

（2）工序工艺制造能力由式（B-7）计算：

$$Q_n = Q \times n \quad \cdots\cdots\cdots\cdots\cdots\cdots\cdots\cdots\cdots（B-7）$$

式中　Q_n——工序工艺制造能力（kg/h或万支/h）；

　　　Q——设备工艺制造能力（kg/h或万支/h）；

　　　n——设备台数。

（3）全流程工艺制造能力以流程中生产能力最小工序的能力为标准核定。

B.6　工厂实际生产能力核定计算公式

工厂实际生产能力由式（B-8）计算：

$$Q_f = Q_m \times \xi \quad \cdots\cdots\cdots\cdots\cdots\cdots\cdots\cdots\cdots（B-8）$$

式中　Q_f——工厂实际生产能力（kg/h或万支/h）；

　　　Q_m——流程的工艺制造能力（kg/h或万支/h）；

　　　ξ——综合有效作业率（%）。

综合有效作业率由式（B-9）计算：

$$\xi = \frac{Q_f}{Q_m} \times 100 \quad \cdots\cdots\cdots\cdots\cdots\cdots\cdots（B-9）$$

式中　ξ——综合有效作业率（%）；

　　　Q_f——实际生产能力（kg/h或万支/h）；

　　　Q_m——流程的工艺制造能力（kg/h或万支/h）。

附录C

工序加工质量评价（参考件）

在保证加工过程各工序处于受控状态且稳定的条件下，将感官质量与风格特征评价引入卷烟加工全过程，最大程度提高卷烟产品感官质量、彰显产品风格特征。

C.1 感官质量与风格特征评价的目的

C.1.1 评价生产工序不同工艺技术条件对在制品工艺质量指标、感官质量及风格特征稳定性的影响，为卷烟产品生产工序加工工艺技术条件确定提供质量依据。

C.1.2 在可控范围内，充分发挥设备潜能，最大限度提升烟叶使用价值。

C.1.3 控制在制品的感官质量及风格特征，稳定与提升卷烟产品的感官质量和风格特征。

C.2 感官质量评价的内容与方法

C.2.1 在制品感官质量评价，参照YC/T 415—2011《烟草在制品 感官评价方法》。

C.2.2 卷烟产品感官质量评价，参照GB 5606.4—2005《卷烟 感官技术要求》。

C.3 风格特征评价的内容与方法

C.3.1 在制品风格特征评价，可根据具体评价目的采用总体评价或香韵评价方式。

总体评价只对工序前后香气风格变化程度进行评价，香气风格变化程度可表示为0、1、2（"0"表示风格无变化，"1"表示有变化，"2"表示变化明显）。

香韵评价参照YC/T 530—2015《烤烟 烟叶质量风格特色感官评价方法》。

C.3.2 卷烟产品风格特征评价，参照YC/T 497—2014《卷烟 中式卷烟风格感官评价方法》。

附录D

在制品工艺质量检测项目

在制品工艺质量检测项目见附表D-1~附表D-3。

附表D-1 　　　　　　　　　打叶复烤在制品工艺质量检测项目

项目 \ 工序	叶梗分离后		复烤后		包装	
	叶片	烟梗	叶片	烟梗	叶片	烟梗
含水率			○	○	●	●
温度			○		●	
叶片结构	●		●			
叶含梗率	●				●	
烟梗结构		●				●
梗含叶率		●				●
含细梗率						●
含梗拐率						●
烟碱变异系数			●或○			
箱内密度偏差率（DVR）					○	
含杂率及杂物		●	●	●	●	●

注：●为不同工序在制品以离线质量检测项目为主；○为不同工序在制品以在线质量检测项目为主。

附表D-2　　　　　　　　　　制丝在制品工艺质量检测项目

项目 \ 工序	真空回潮（可选）	松散回潮	烟片（丝）增温（可选）	加料	白肋烟烘焙	烟梗回潮、贮梗	切丝	叶丝浸渍	叶（梗、烟）丝干燥	梗丝、（膨胀叶丝）贮存	掺配	加香	贮丝
含水率	●	○		○	○	●		○	○	●	○	○	●
温度	●	○	○	○	○				○				
物料流量变异系数		○		○					○				
加料（香）总体精度				○								○	
加料（香）比例变异系数				○								○	
掺配总体精度											○		
松散率		●											
生产非稳态时间									●				
叶丝宽度							●						
梗丝厚度							●						
烟丝结构									●	●			●
填充值									●	●			●
纯净度									●	●			●
CO_2含量								●					

　　注：●为不同工序在制品以离线质量检测项目为主；○为不同工序在制品以在线质量检测项目为主。

　　加料包括：烟片加料、白肋烟加里料、白肋烟加表料、叶丝加料、梗丝加料；加香包括：烟丝加香、梗丝加香。

　　在线质量数据采集规则：按照YC/Z 502—2014《卷烟制丝过程数据采集与处理指南》。

附表D-3   滤棒成型与卷接包装在制品工艺质量检测项目

项目 \ 工序	滤棒成型与复合	烟支卷接	包装
含水率	●	●	
长度	●	●	
圆周	●	●	
圆度	●	●	
质量	●	●	
吸阻	●	●	
硬度	●	●	
烟支含末率		●	
滤嘴通风率*		●	●
烟支端部落丝量		●	
烟支密度		●	
烟支烟丝密度分布		●	
含签烟支率		●	
焦油、烟碱变异系数		●	
外观	●	●	●

注：● 为不同工序在制品质量检测项目。

  * 仅指采用滤嘴通风技术的卷烟。

附录E

设备工艺性能点检项目

附表E　设备工艺性能点检项目

项目	打叶风分	复烤机	松散回潮机	加料机	烟片增温机	白肋烟干燥机	烟梗回潮机	烟梗增温机	压梗	梗丝膨胀干燥	叶丝增温回潮	叶丝干燥机	加香机	贮柜	风选及送丝	滤棒成型机	卷烟机	包装机
热风风速		●	●	●	●	●					●	●						
热风温度		●	●	●	●	●					●	●						
排潮管风速（负压）		●	●	●	●	●					●	●	●					
网面风速		●				●					●							
滚筒转速			●	●				●			●	●	●					
传送带速度		●				●								●				
物料通过时间		●	●	●	●	●	●	●		●	●	●	●					
物料厚度		●	●	●		●					●	●		●				
切叶（梗）丝合格率																		
打辊转速	●																	
压辊间隙									●									
YC/Z 482—2013设备性能要素规定指标															●		●	●

注：●为不同设备工艺性能点检项目。

附录F

术语（参考件）

F.1 工艺管理

F.1.1 卷烟原料

指烟片、烟梗和造纸法再造烟叶。

F.1.2 在制品

正处于工序加工状态的（或虽处于转序状态但无需进行检验或数量清点的）产品。

F.1.3 卷烟工艺

将卷烟原料和烟用材料等加工制造成卷烟产品的方法和过程。

F.1.4 工艺规范

生产某种产品时应遵守的加工方法的技术法规或标准。

F.1.5 工艺任务

定性描述的加工目的。

F.1.6 来料标准

定量与定性描述的来料状况。

F.1.7 质量要求

定量与定性描述的加工结果。

F.1.8 设备性能

为实现工艺任务，从工艺角度要求设备达到的技术性能。

F.1.9 技术要点

为实现工艺任务，工序加工过程中需要注意的事项。

F.1.10 过程检测

测量物料特性值和状况的过程与方法。

F.1.11 设备工艺性能点检

生产过程中对产品加工质量影响较大的设备的某些工艺性能进行检查、测定和验证的过程与方法。

F.1.12 工序加工质量评价

工艺技术参数对感官质量和风格特征影响程度的综合评价方法。

F.1.13 批内质量评价

指对一批内加工质量稳定性的评价。

F.1.14 霉变

因霉菌在烟叶或卷烟上滋生繁殖引起的发霉变质。

F.1.15 虫情监测

调查与监视贮存、加工和运输环节环境中昆虫信息素诱捕的贮烟害虫数量和分布情况的过程。

F.1.16 环境

生产、检测、实验过程的空气条件，包括空气温度和湿度等。

F.2 工艺设计

F.2.1 工序

卷烟加工过程的一个基本单元。如回潮、加料、干燥、加香等。

F.2.2 工段

由若干个工序组成的一个操作单元。如制叶丝、制梗丝等。

F.2.3 工艺流程

将卷烟原料和烟用材料加工制造成合格卷烟产品所必须经过的全部工艺

过程。

F.2.4 综合有效作业率

生产线实际生产能力与设计生产能力的比值，以百分数表示。

F.2.5 设备有效作业率

设备实际生产能力与设计生产能力的比值，以百分数表示。

F.2.6 峰值系数

因生产旺季而需在平均生产能力基础上引入的计算设计生产能力的系数。

F.2.7 生产执行系统（MES）

位于企业上层资源计划系统（ERP）与底层工业控制系统之间，面向生产现场的管理信息系统，是管理和优化从任务下达到完成整个生产活动的硬件和软件的集合。

F.2.8 全叶打叶

整片烟叶进入打叶去梗工段的工艺处理方式。

F.2.9 分切打叶

烟叶经切断处理后，各部分混合或者分别进入打叶去梗工段的工艺处理方式。

F.2.10 配方打叶

把两个（含）以上等级烟叶按一定比例混合成符合特定卷烟产品配方模块要求的叶组，再进行打叶的工艺处理方式。

F.2.11 全配方加工

采取相同的工艺流程、设备及参数，将卷烟产品配方中所有等级烟叶混合加工制成叶丝的工艺过程。

F.2.12 叶片分组加工

根据烟叶的品质特性，将卷烟配方划分为若干叶组模块，采用不同的加工工艺或参数加工相应的模块叶片，并在适当工序将各模块叶片按比例混配，形成全配方叶片进行后序加工。

F.2.13　叶丝分组加工

根据烟叶的品质特性将卷烟配方划分为若干叶丝模块，采用不同的加工工艺或参数加工相应的模块叶丝，并在适当工序将各模块叶丝按比例混配，形成全配方烟丝进行后序加工。

F.2.14　并行分组加工

分组加工时，不同模块采取不同生产线并行加工。

F.2.15　串行分组加工

分组加工时，不同模块在同一生产线上顺序加工。

F.2.16　总量比例掺配

各组分按配方比例所计算的总重量，同时或者先后掺在一起的工艺过程。

F.2.17　瞬时比例掺配

按照产品设计要求，将各组分按一定比例掺在一起的工艺过程，且在掺配的任意时刻各组分的瞬时流量严格等于按配方比例所计算的流量。

F.3　工序工艺

F.3.1　制丝

将片烟、烟梗、造纸法再造烟叶等卷烟原料加工成符合卷烟质量标准及烟支卷制工艺要求的烟丝的加工过程。

F.3.2　真空回潮

将烟叶原料或卷烟原料，在密闭箱体内真空条件下增温增湿的工艺过程。

F.3.3　润叶

对烟叶进行一定程度的加温加湿处理，增强烟叶韧性和耐加工性的工艺过程。

F.3.4　叶梗分离

　用机械方式将烟叶的烟梗和侧脉与叶片分离的工艺过程。

F.3.5 烟片复烤

将去梗后烟片采用高温处理，使烟片含水率达到规定指标，以利于长期贮存和醇化的工艺过程。

F.3.6 烟梗复烤

将打叶风分后烟梗采用高温处理，使烟梗含水率达到规定指标，以利于长期贮存的工艺过程。

F.3.7 烟片包装

对复烤后烟片进行批量计量、预压成型、打包捆扎、标识的过程。

F.3.8 分片

将开箱后片烟采用分切或插分的方式分成一定厚度以利于松散和回潮的工艺过程。

F.3.9 松散回潮

将烟片彻底松散并增加其含水率的工艺过程。

F.3.10 烟片混配

将不同类型、等级的烟片按设定质量比例掺配的工艺过程。

F.3.11 烟片加料

为调节、改进烟草制品的吃味、燃烧性及保润能力等各项化学和物理性能，向烟片中加入各种添加剂的工艺过程。

F.3.12 叶丝加料

为调节、改进烟草制品的吃味、燃烧性及保润能力等各项化学和物理性能，向切后叶丝准确均匀施加料液的工艺过程。

F.3.13 配叶贮叶

将不同类型、等级的烟片掺配均匀，并使烟片含水率、温度均衡，料液充分吸收，兼具平衡缓冲前后工序加工时间和生产能力的工艺过程。

F.3.14 烟片增温

提高烟片温度的工艺过程。

F.3.15 加里料

针对白肋烟等晾、晒烟叶，在其烘焙之前对其施加各种添加剂的工艺过程。

F.3.16 白肋烟烘焙

将加里料后白肋烟烟片采用高温处理，以增强香气、减少杂气和刺激性、改善余味和色泽的工艺过程。

F.3.17 加表料

对晾、晒烟片等在加里料并经高温烘焙、冷却、回潮后，单独（或与烤烟等烟片一起）施加添加剂(料液)的工艺过程。

F.3.18 烟梗回潮

将复烤后烟梗进行增温、吸湿和膨胀，提高其柔韧性的加工过程。一般可采用水洗、施加雾化水、喷加蒸汽等方式回潮，也可以是多种方式组合的方法。

F.3.19 贮梗

通过贮存设备，使烟梗充分吸收水分，并使其含水率内外趋于一致，兼具平衡缓冲前后工序加工时间和生产能力的工艺过程。

F.3.20 压梗

将具有一定温度、含水率的烟梗通过一对或多对转动辊的规定间隙，被轧压成片状梗的工艺过程。

F.3.21 风选

利用不同物料悬浮速度的差异，实现对在制品中结块物料、梗签、梗块、非烟草杂物等的分离剔除，以提高在制品的纯净度。

F.3.22 贮梗丝

将梗丝送入专用柜（箱）内存放一定时间，使其含水率达到平衡，改善其物理性能，并起到平衡制叶丝与制梗丝工段之间加工时间的工艺过程。

F.3.23 筛分

用一个或一组具有规定尺寸网孔的筛网（或筛筒），在振动（或转动）

条件下对不同结构尺寸的在制品进行分选的过程。

F.3.24 烟梗增温

提高烟梗温度，增加其柔软性的工艺过程。

F.3.25 切梗丝

将烟梗（片）切成一定厚度梗丝的工艺过程。

F.3.26 梗丝加料

为调节、改进烟草制品的吃味，向梗丝中施加各种添加剂的工艺过程。

F.3.27 梗丝膨胀干燥

降低梗丝含水率至合适范围，使梗丝体积明显胀大、填充值明显增加的工艺过程。

F.3.28 梗丝加香

为提高梗丝的感官质量，对其施加添加剂的工艺过程。

F.3.29 切叶丝

把烟片切成一定宽度叶丝的工艺过程。

F.3.30 叶丝增温增湿

提高叶丝温度和含水率的工艺过程。

F.3.31 叶丝干燥

去除叶丝部分水分，使其符合下一工序的要求，并使叶丝松散、卷曲、膨胀，提高叶丝填充能力和感官质量的工艺过程。

F.3.32 加香

根据产品配方要求，将烟用香精按比例、均匀喷加到经烘丝并冷却后烟丝上的工艺过程。

F.3.33 配丝贮丝

使烟丝各组分进一步掺配均匀，并经贮存一段时间，使烟丝含水率平衡，施加的添加剂均匀渗透，以改善烟丝物理特性和感官质量，兼具平衡缓冲前后工序加工时间和生产能力的工艺过程。

F.3.34 叶丝浸渍

叶丝吸收液态CO_2的工艺过程。

F.3.35 松散、贮存、喂料

将经液态CO_2浸渍后叶丝松散、缓冲贮存，向下一工序输送的工艺过程。

F.3.36 叶丝膨胀

叶丝脱水和体积膨胀的工艺过程。

F.3.37 冷却回潮

对叶丝经膨胀（干冰法）后对其进行冷却、定型，并提高其含水率的工艺过程。

F.3.38 烟丝配送

利用机械或风力，将烟丝送到卷接机组的工艺过程。

F.3.39 烟支卷接

将合格烟丝用卷烟纸包卷成一定规格烟支，并在烟支一端接装滤嘴的工艺过程。

F.3.40 烟支包装

将烟支和符合产品设计标准要求的材料，制成质量与规格均符合产品设计标准要求的盒装或条装卷烟的工艺过程。

F.3.41 装箱

将包装成条后的合格产品和符合产品标准要求的材料，制成合格箱装卷烟的工艺过程。

F.3.42 滤棒成型

将丝束等过滤材料卷制成一定规格滤棒的工艺过程。

F.3.43 贮存固化

将成型机生产的滤棒进行贮存，使其硬度指标达到工艺技术要求的工艺过程。

F.3.44 滤棒复合

将合格的基棒按照设计要求复合成二元或多元滤棒的工艺过程。

F.3.45　滤棒发送

按照卷接机组的生产需要，将滤棒及时输送至卷烟机机台的工艺过程。

F.3.46　定量喂料

将烟草物料按设定流量准确、均匀地喂入下一道工序的工艺过程。

F.3.47　计量

对物料进行计量的过程。

F.3.48　工序连接与输送

工序间的连接方式及物料从上工序到下工序的流转过程。

F.3.49　除杂

检测并剔除物料中杂物的工艺过程。

F.4　工艺质量检测

F.4.1　物料含水率

物料中水分质量占物料总质量的比率，以百分数表示。

F.4.2　物料温度

物体的冷热程度。可用温度计（仪）直接测定，单位为℃。

F.4.3　叶中含梗率

打叶风分后烟片样品中，烟片上所带直径大于1.5mm烟梗和混入烟片中的烟梗质量占烟片样品质量的比率，以百分数表示。

F.4.4　细梗

直径≤2.38mm的烟梗。

F.4.5　梗拐

烟叶与烟杆间的连接物，外形较梗头宽，且不规则。

F.4.6　叶片形状系数

在同等规格下，表征叶片形状与圆形叶片形状的接近程度，越接近圆形，叶片形状系数越高。

F.4.7　烟片结构

烟片大小程度，以大中片率和碎片率表示。大中片率指大于12.70mm的烟片占烟片总质量的比率；碎片率指小于2.36mm的烟片占烟片总质量的比率，均以百分数表示。

F.4.8　整丝率

2.50mm网孔上物料质量占总样品质量的比率，以百分数表示。

F.4.9　碎丝率

1.00mm网孔下物料质量占总样品质量的比率，以百分数表示。

F.4.10　叶（梗）丝合格率

符合标准的叶（梗）丝质量(或数量)占总样品质量(或数量)的比率，以百分数表示。

F.4.11　烟（叶、梗）丝纯净度

样品质量减去烟（叶、梗）丝中非烟物质质量后占样品质量的比率，以百分数表示。

F.4.12　填充值

在一定温湿度环境条件和一定压力作用下，单位质量烟（叶、梗）丝所占容积，以cm^3/g表示。

F.4.13　允差

标准值（设定指标）允许的误差范围，以标准值（设定指标）相应的单位为单位。

F.4.14　有效出片率

打叶复烤产出成品叶片实际质量与投入原烟中叶片理论质量的比率，以百分数表示。

F.4.15　原料消耗

制造1万支卷烟实际用去的原料质量，以kg/万支表示。

F.4.16　烟用材料损耗

制造1万支卷烟实际浪费的烟用材料数量（质量或长度等）与理论数量

的比率，以百分数表示。

F.4.17 精度

设定值（标定值）和实际值之差的绝对值与设定值（标定值）的比率，以百分数表示，如配比精度、加（香）料精度和计量精度等。

F.4.18 烟支密度

烟支中烟丝质量与其盛丝体积之比，以mg/cm^3表示。

F.4.19 批内烟支焦油量、烟碱量波动值

同一生产批次烟丝制成卷烟的焦油量、烟碱量的最大值与最小值之差，以mg表示。

F.4.20 大中片率降低

工序加工前后大于12.70mm的烟片占烟片总质量比率的差值。

F.4.21 碎片率增加

工序加工前后小于2.36mm的烟片占烟片总质量比率的差值。

F.4.22 整丝率变化率

烟丝等通过某些工序之后的整丝率与之前整丝率的比率，以百分数表示。

F.4.23 整丝率降低

烟丝等通过某些工序之前的整丝率与之后整丝率的差值，以百分比表示。

F.4.24 流量变异系数

一批次物料流量标准偏差与该批流量平均值的比值，以百分比表示。

F.4.25 加料（香）比例变异系数

瞬时加料（香）比例标准偏差与平均加料比例的比值，反映过程加料（香）的稳定性。

F.4.26 结块烟片剔除率

叶片除杂工序剔除的结块烟（重量≥30g）数量占该批次结块烟总数量的百分数。

F.4.27　非稳态时间

生产过程中工序的质量指标（如含水率、温度）超出指标期望范围或处于非稳定生产状态（料头、料尾、断料及数据异常等）持续的时间。

F.4.28　烟片误剔率

叶片除杂工序的剔除物中合格叶片占剔除物总量的比例。

附录G

引用标准和规范

下列标准包含的条文，通过在本规范中引用而构成本规范的条文。如遇到修订，使用本规范的各方应探讨使用下列标准最新版本的可能性。

1. GB 1886.228—2016《食品安全国家标准 食品添加剂 二氧化碳》

2. GB 2635—1992《烤烟》

3. GB 5606.2~5606.6—2005《卷烟》

4. GB 5749—2006《生活饮用水卫生标准》

5. GB 5991.1~5991.3—2000《香料烟》

6. GB 10006—1988《塑料薄膜和薄片摩擦系数测定方法》

7. GB/T 451.1—2002《纸和纸板尺寸及偏斜度的测定》

8. GB/T 451.2—2002《纸和纸板定量的测定》

9. GB/T 451.3—2002《纸和纸板厚度的测定》

10. GB/T 457—2008《纸和纸板耐折度的测定》

11. GB/T 462—2008《纸、纸板和纸浆 分析试样水分的测定》

12. GB/T 742—2008《造纸原料、纸浆、纸和纸板灰分的测定》

13. GB/T 1037—1988《塑料薄膜和片材透水蒸气性试验方法 杯式法》

14. GB/T 1541—2013《纸和纸板 尘埃度的测定》

15. GB/T 5605—2011《醋酸纤维滤棒》

16. GB/T 5606.1—2004《卷烟》

17. GB/T 7974—2013《纸、纸板和纸浆　蓝光漫反射因数D65亮度的测定(漫射/垂直法，室外日光条件)》

18. GB/T 8941—2013《纸和纸板　镜面光泽度的测定》

19. GB/T 8966—2005《白肋烟》

20. GB/T 12655—2007《卷烟纸》

21. GB/T 12914—2008《纸和纸板　抗张强度的测定》

22. GB/T 14624.1—2009《胶印油墨颜色检验方法》

23. GB/T 14624.2—2009《胶印油墨着色力检验方法》

24. GB/T 14624.3—2009《胶印油墨流动度检验方法》

25. GB/T 15270—2001《烟草和烟草制品 聚丙烯丝束滤棒》

26. GB/T 18723—2002《印刷技术　用粘性仪测定浆状油墨和连接料的粘性》

27. GB/T 19609—2004《卷烟　用常规分析用吸烟机测定总粒相物和焦油》

28. GB/T 21136—2007《打叶烟叶　叶中含梗率的测定》

29. GB/T 21137—2007《烟叶　片烟大小的测定》

30. GB/T 22364—2008《纸和纸板弯曲挺度的测定》

31. GB/T 22838.1～22838.17—2009《卷烟和滤棒物理性能的测定》

32. GB/T 23227—2008《卷烟纸、成形纸、接装纸及具有定向透气带的材料　透气度的测定》

33. GB/T 23355—2009《卷烟　总粒相物中烟碱的测定　气相色谱法》

34. GB/T 26203—2010《纸和纸板 内结合强度的测定（Scott型）》

35. GB/T 31786—2015《烟草及烟草制品　箱内片烟密度偏差率的无损检测　电离辐射法》

36. YC 171—2014《烟用接装纸》

37. YC 264—2014《烟用内衬纸》

38. YC/Z 482—2013《卷烟制造过程标准体系 构成与要求》

39. YC/Z 502—2014《卷烟制丝过程数据采集与处理指南》

40. YC/T 9—2015《卷烟厂设计规范》

41. YC/T 26—2008《烟用二醋酸纤维素丝束》

42. YC/T 27—2002《烟用聚丙烯纤维丝束》

43. YC/T 137—2014《复烤片烟包装 瓦楞纸箱包装》

44. YC/T 144—2008《烟用三乙酸甘油酯》

45. YC/T 146—2010《烟叶 打叶复烤 工艺规范》

46. YC/T 147—2010《打叶烟叶 质量检验》

47. YC/T 152—2001《卷烟 烟丝填充值的测定》

48. YC/T 160—2002《烟草及烟草制品 总植物碱的测定 连续流动法》

49. YC/T 163—2003《卷烟 膨胀梗丝填充值的测定》

50. YC/T 169—2009《烟用丝束理化性能的测定》

51. YC/T 178—2003《烟丝 整丝率、碎丝率的测定》

52. YC/T 187—2004《烟用热熔胶》

53. YC/T 188—2004《高速卷烟胶》

54. YC/T 196—2005《烟用聚丙烯丝束滤棒成型胶粘剂》

55. YC/T 208—2006《滤棒成形纸》

56. YC/T 223—2014《特种滤棒》

57. YC/T 224—2007《卷烟用瓦楞纸箱》

58. YC/T 265—2008《烟用活性炭》

59. YC/T 266—2008《烟用包装膜》

60. YC/T 273—2014《卷烟包装设计要求》

61. YC/T 330—2014《卷烟条与盒包装纸印刷品》

62. YC/T 415—2011《烟草在制品 感官评价方法》

63. YC/T 424—2011《烟用纸表面润湿性能的测定 接触角法》

64. YC/T 443—2012《烟用拉线》

65. YC/T 476—2013《烟支烟丝密度测定　微波法》

66. YC/T 497—2014《卷烟 中式卷烟风格感官评价方法》

67. YC/T 530—2015《烤烟 烟叶质量风格特色感官评价方法》

68. JJG（烟草）27—2010《烟草加工在线红外测温仪检定规程》

69. JJG（烟草）29—2011《烟草加工在线水分仪检定规程》

70. QB/T 2624—2012《单张纸胶印油墨》

附录H

设备举例（参考件）

1.真空回潮机

型号	WZ191	WZ1004C
产地	中国	中国
工艺制造能力/（kg/h）	6000	6400
抽空系统	节能型汽、机联合抽真空系统	三流体联合射流系统（即蒸汽喷射泵+大气喷射泵+水射流泵组）
工作真空压强/Pa	≤666	≤666.6
极限真空压强/Pa	≤266	≤266.6
批次处理时间/min	≤20	≤20（双周期）
回潮后烟叶含水率增加/%	2~5	2~4
回潮后烟叶温度/℃	(55~70)±5	（50~70）±5
回透率/%	≥98	≥98
箱体内腔尺寸（长×宽×高）/mm	7100×2100×1900	12340×1770×2200
外形尺寸（长×宽×高）/mm	7350×2380×2180	12610×5100×8400
开门形式	液压式上翻门或者电动侧拉门	电机上翻式
电机总功率/kW	73（不含水系统）	152.5（含室外冷却系统）
饱和蒸汽耗量（抽空）/（kg/批次）	110	95（0.8MPa，三流体抽空）
饱和蒸汽耗量（增湿）/（kg/批次）	140	224
增湿水耗量/（kg/h）	500	420
压缩空气耗量/（m³/h）	≤1	≤1.2
整机重量/kg	16000	15000

2. 润叶机

型号	WF3515（6）B	WF3523（4）A
产地	中国	中国
生产能力/（kg/h）	6000	12000
出料温度/℃	（50～70）±5	（50～70）±5
物料最大增加含水率/%	（2～6）±1	（2～6）±1
散把率/%	≥95	≥95
蒸片比例/%	<5	<5
有效运行率/%	≥90	≥90
滚筒规格（$D \times L$）/mm	$\phi 2200 \times 8000$	$\phi 3050 \times 12000$
滚筒倾角/°	3	3
滚筒转速/（r/min）	10（5～13可调）	10（5～13可调）
增湿水耗量/（kg/h）	≤300	≤600
清洗水耗量/（kg/班）	360	720
蒸汽耗量/（kg/h）	695	1200
耗电总功率/kW	20.75	41.37
压缩空气耗量/（m^3/h）	10	10
外形尺寸（长×宽×高）/mm	10144×3950×5450	14345×4800×6900

3. 连续风分卧式打叶机

型号	AW9457/9458	AW67/68
产地	中国	中国
工艺生产能力/（kg/h）	6000	1200
处理对象	把烟	把烟
进料温度/℃	55～65	55～65
进料含水率/%	19～21	19～21
装机容量/kW	约1186	约1456
外形尺寸（长×宽×高）/mm	80260×7630×7210	91670×9120×8305
整机重量/t	约180	约291.5
设备配置	四打十一分一回梗	四打十一分一回梗（一打五分，二打三分，三打二分，四打一分，回梗到三打后）

4.烟片复烤机

型号	KG233C	KG246C
产地	中国	中国
工艺生产能力/（kg/h）	5000～7000	9600
干燥区热风温度/℃	＜100	60～100
输出物料含水率/%	11～13.5	11～13
输出物料含水率左右极差/%	≤1，合格率≥95	≤0.9，合格率≥95
含水率标准偏差/%	≤1	≤0.35
出料温度/℃	50～55（可调）	45～55（可调）
蒸气 压力/MPa	0.8	0.8～1.0
蒸气 耗量/（kg/h）	4700	5500
压缩空气 压力/MPa	0.6	0.4～0.7
压缩空气 耗量/（m^3/h）	10	35
装机容量/kW	160.5	227
外形尺寸（长×宽×高）/mm	46686×5542×4702	54100×6350×4650
输送网有效宽度/mm	3500	3500
输送网板孔径/mm	$\phi 3$	$\phi 3$
整机重量/kg	80711	150000

5.烟梗复烤机

型号	KG321A	KG336A
产地	中国	中国
工艺生产能力/（kg/h）	1200～1800	3400
干燥区热风温度/℃	＜120	75～110
输出物料含水率/%	10～13	10～13
出料温度/℃	＜65	45～50
蒸气 压力/MPa	0.8	0.8～1.0
蒸气 耗量/（kg/h）	700	1500
压缩空气 压力/MPa	0.6	0.4～0.7
压缩空气 耗量/Nm^3/h	3	10
装机容量/kW	74.75	55
外形尺寸（长×宽×高）/mm	16676×4424×4570	26765×3880×4650
输送网有效宽度/mm	2500	2500
输送网板孔径/mm	1.5×6	1.5×6
整机重量/kg	19756	48000

6. 烟片预压打包机

型号	KY127	KY151A（三联式）
产地	中国	中国
工艺制造能力/（kg/h）	12000	12000~18000
包装规格、形式	200kg纸箱包装	200kg纸箱包装
额定生产能力/（箱/h）	48	64
有效运行率/%	≥90	≥90
密度均匀性/DVR%	≤10	≤10
称重精度/%	≤0.8	≤0.8
泵站主油泵电机/kW	55	55.5
循环油泵/kW	2.2	2.2
单向喂料机减速电机/kW	2.2	2.2
往复喂料机减速电机/kW	1.5	2.2
承压皮带减速电机/kW	0.75×2	1.1×3
耗电总功率/kW	62.4	65.4
压缩空气耗量/（m³/h）	12	16
一次加液压油用量/kg	2500	3500
供水压力/MPa	0.3~0.6	0.3~0.6
供气压力/MPa	0.6	0.6~0.8
设备重量/kg	36800	60000
最大外形尺寸：主机（长×宽×高）/mm	6300×3780×20574（不包括液压站）	12710×6430×19901（不包括液压站）
液压泵站（长×宽×高）/mm	3600×2700×1820	3600×3200×1820

7. 复压打包机

型号	KY232A	KY241
产地	中国	中国
包装规格、形式	纸箱包装 C48，200kg/箱	纸箱包装 C48，200kg/箱
物料类别	片烟	片烟
额定生产能力/（箱/h）	48	48
有效运行率/%	≥90	≥90
泵电机功率/kW	15（与预压机共用油箱）	7.5
皮带输送电机功率/kW	0.75	0.55

续表

型号	KY232A	KY241
打包油缸参数　油缸/mm	$\phi160$	$\phi125$
活塞杆直径/mm	$\phi100$	$\phi90$
最大行程/mm	1200	1000
压缩空气/（m³/h）	0.4	0.6
液压油用量/kg	400	350
供气压力/MPa	≥0.7	≥0.6
设备重量/kg	3000	1371
最大外形尺寸（长×宽×高）/mm	1700×1780×4198	1689×2100×3390

8. 切片机

型号	FT623B	TSV1100	VIS
产地	中国	中国/德国	意大利
工艺制造能力/（kg/h）	9600	9000	10000
处理对象	200kg叶片（垛）	200kg叶片（垛）	200kg叶片/薄片（垛）
切刀宽度/mm	1050	1100	1100
切刀行程/mm	880	920	900
最大切刀速度/（mm/s）	170	260	可变速
压力/MPa	0.6~0.8	0.6~0.8	0.6~0.8
压缩空气 耗量/（m³/h）	13+45（二次插分）	10	2（平均）/6（峰值）
装机容量/kW	15.5	10.7	24

9. 松散回潮机

型号	WQ3315	WQ3113B	TB-L	DCC
产地	中国	中国	中国/德国	意大利
工艺制造能力/（kg/h）	5000	5000	5000	5000
最大增加烟片含水率/%	12	10	10	12
出料温度/℃	60~70	55~65	50~70	50~70
烟片松散率/%	≥99	≥99	≥98	≥98
滚筒倾角/°	2	3	0.5~3.5	1.5~3.5
滚筒转速/（r/min）	5~15	9~17	5~15	7~13

续表

型号		WQ3315	WQ3113B	TB-L	DCC
蒸气	压力/MPa	0.8~1.0	0.8~1.0	0.8~1.0	0.6~1.0
	耗量/（kg/h）	530	600	661	600
水	压力/MPa	0.3~0.6	0.3~0.6	0.3~0.6	0.3
	耗量/（kg/h）	470	350	461	800
压缩空气	压力/MPa	0.6~0.8	0.6~0.8	0.6~0.8	0.6
	耗量/（m³/h）	5	14	10	13
装机容量/kW		11.7	19.04	24.05	27
滚筒规格（D×L）/mm		ϕ1900×7000	ϕ2000×8000	ϕ2050×7000	ϕ2400×9000

10. 加料机

型号		SJ1523	SJ1201
产地		中国	中国
工艺制造能力/（kg/h）		5000	5000
加料比/%		按用户工艺要求	按用户工艺要求
出料温度/℃		（40~65）±5	（40~60）±3
滚筒规格（D×L）/mm		ϕ1750×5000	ϕ1900×6000
滚筒倾角/°		3	3.5
滚筒转速/（r/min）		5~15可调	7~17可调
蒸气	压力/MPa	0.8~1.0	0.8~1.0
	耗量/（kg/h）	350	500
水	压力/MPa	0.3~0.6	0.3~0.6
	耗量/（kg/次）	250	200
压缩空气	压力/MPa	0.6~0.8	0.6~0.8
	耗量/（m³/h）	5	18
装机容量/kW		8.79	10.4

11. 切叶丝机

型号	SQ355	KT3-L25	SD508/EVO508-L
产地	中国	德国	意大利
工艺制造能力/（kg/h）	6400	9000	8000
使用生产线/（kg/h）	4000~6400	2500~9000	4000~8000
切丝宽度/mm	0.7~1.2	0.2~1.2（0.4~2.0）	0.1~1.2

续表

型号	SQ355	KT3-L25	SD508/EVO508-L
刀滚转速/（r/min）	300～550	150～660	170～340
刀门高度/mm	75～125	65～125	65～150
刀门宽度/mm	500	400	500
刀片数量/片	8	8	10
刀辊直径/mm	650	/	640
压缩空气 压力/MPa	0.6～0.75	0.6～1.0	0.6
压缩空气 耗量/（m³/h）	24	5.4	0.7
除尘空气 压力/Pa	/	/	/
除尘空气 耗量/（m³/h）	540	540	1200
装机容量/kW	50	40	45

12. 滚筒式薄板烘叶丝机

型　号	SH625	KLD/KLS	LWD
产地	中国	中国/德国	意大利
工艺制造能力/（kg/h）	5000	5680	5000
进料含水率/%	24±1	22.5	19.0～25.0
进料温度/℃	≥80	55	/
出料温度/℃	55～65	60	<65
出料含水率/%	(11～14)±0.5	12～14	11.5～14.5
填充值/（cm³/g）	≥4.0	≥4.0	≥4.0
热风温度范围/℃	80～140	按用户工艺要求	100～150
筒壁温度范围/℃	≤160	≤160	115～165
烘筒工作尺寸（$D \times L$）/mm	$\phi 1920 \times 9000$	$\phi 1900 \times 10000$	$\phi 2200 \times 9200$
滚筒倾角/°	1.5	2～5	2～5
烘筒转速/（r/min）	6～16	6～16	6～16
尘汽排量/（m³/h）	≤14000(阻力 ≤400Pa)	≈9000	2400
蒸气 进口压力/MPa	0.8～1.0	0.8～1.0	1.0
蒸气 耗量/（kg/h）	1600	平均950	平均1000/峰值1375
热风风量/（m³/h）	12000	≈9000	3800
热风风压/Pa	2000	/	/
压缩空气 进口压力/MPa	0.4～0.7	0.4～0.6	0.6
压缩空气 耗量/（m³/h）	30	平均1/峰值10	平均10/峰值30
装机容量/kW	25.35	23	30

13. 气流式烘叶丝机

型　号	SH93	SH9611	HDT-3	EVA
产地	中国	中国	德国	意大利
工艺制造能力/（kg/h）	4800	4500~5000	5500	6000
进料叶丝含水率/%	22~30	22~28	20	19~25
进料叶丝温度/℃	50~60	≥45	25	/
输出叶丝含水率/%	12~14	12~14	12~14	11.5~14
输出叶丝温度/℃	65~70	≤90	90	75
填充值/（cm³/g）	≥4.5	≥4.2	4.2~4.5	4.2~4.5
热风工作温度范围/℃	160~260	160~300	150~350	125~275
焚烧炉输出温度范围/℃	200~280	<385	/	/
加热方式	燃油（气）间接加热	燃油间接加热	天然气/燃油直燃式	柴油/天然气直燃式
尾气排放量/（m³/h）	≤3500	6720	4700	3900
装机容量/kW	160.75	180.1	145	167
蒸气　压力/MPa	0.8	0.8	0.8~1.0	1.25
蒸气　耗量/（kg/h）	700	1100	715	800~1270
压缩空气　压力/MPa	0.6	0.6	0.4~0.6	0.6
压缩空气　耗量/（m³/h）	微量	3	/	2
模拟水　压力/MPa	0.3	0.3	/	0.4
模拟水　耗量/（L/h）	600	850	/	800
清洗水　压力/MPa	0.3	0.3	0.4	0.4
清洗水　耗量/（L/h）	500	1500	350	6000
0#柴油　压力/MPa	0.02~0.1	0.2	0.05~0.15	0.25
0#柴油　耗量/（L/h）	70	82	71	130
外形尺寸（长×宽×高）/mm	17820×6670×7980	21438×9583×7200	9210×6600×8640	13700×9600×11500
整机重量/kg	60000	58000	/	/

14. 压梗机

型号	SY225	SY221	IB-F12	SRM12
产地	中国	中国	中国/德国	意大利
工艺制造能力/（kg/h）	2000	1250～2000	1400～2350	1500
梗片厚度/mm	0.5～3	0.5～2.5	0.6～1.0	0.2～1.0
梗片破碎率/%	≤3	≤3	≤3	≤3
轧辊规格（$D×L$）/mm	$\phi600×1000$	$\phi600×1200$	$\phi600×1200$	$\phi650×1250$
轧辊转速/（r/min）	88～93	165	111	57～82
蒸气 压力/MPa	0.8	0.4	无	/
蒸气 耗量/（kg/h）	20	25	无	/
水 压力/MPa	≥0.3	0.4	≥0.3	≥0.3
水 耗量/（L/h）	10	10	55	50
压缩空气 压力/MPa	0.6～0.8	0.4	0.6～0.8	0.6
压缩空气 耗量/（m³/h）	11	4.1	30	1
装机容量/kW	20	23	26	24
外形尺寸（长×宽×高）/mm	4750×1820×2235	3169×2141×2322	2619×2345×2401	2400×2200×2400
整机重量/kg	7900	9080	7220	/

15. 切梗丝机

型号	SQ354	KT3-S125/KT3-S60	SD508/EVO508-L
产地	中国	德国	意大利
工艺制造能力/（kg/h）	1700	2200/3000	2500
切丝宽度/mm	0.1～0.3	0.1～0.5	0.1～0.2
刀辊转速/（r/min）	300～550	150～660	170～450
刀门高度/mm	75～125	60～125/100～160	65～150
刀门宽度/mm	500	400	500/600
刀片数量/片	8	8	10
刀辊直径/mm	650	/	640
压缩空气 压力/MPa	0.6～0.75	0.6～0.8	0.6
压缩空气 耗量/（m³/h）	24	1.2	0.7
除尘空气 压力/Pa	/	/	/
除尘空气 耗量/（m³/h）	800	540	1200
装机容量/kW	50	40/48	55/60

16. 滚筒式薄板烘梗丝机

型　　号	SH627	KLS-1	LWD
产地	中国	德国	意大利
工艺制造能力/（kg/h）	3000	2230	1500
进料含水率/%	34±1	39	33
进料温度/℃	70～90/95	85～90	/
出料温度/℃	45～55	60～75	<65
出料含水率/%	（11～14）±0.5	12	11.5～14.5
填充值/（cm³/g）	≥6.5	≥6.5	≥5.0
热风温度范围/℃	80～140	按用户工艺要求	120～160
筒壁温度范围/℃	≤160	≤160	115～165
烘筒工作尺寸（$D×L$）/mm	ϕ2080×10000	ϕ1650×9000	ϕ2200×8800
滚筒倾角/°	2	2（可选角度调节）	2～5
烘筒转速/（r/min）	6～16	6～16	6～16
尘汽排量/（m³/h）	≤18000（阻力≤400Pa）	≈9000	2400
蒸气 进口压力/MPa	0.8～1.0	0.8～1.0	1.0
蒸气 耗量/（kg/h）	3000	峰值1800/平均900	920～1340
热风风量/（m³/h）	14255	≈9000	3900～4700
热风风压/Pa	2000～2300	/	/
压缩空气 进口压力/MPa	0.6～0.8	0.6	0.6
压缩空气 耗量/（m³/h）	35	峰值80/平均20	10
装机容量/kW	32.25	30	43

17. 气流式烘梗丝机

型　　号	SH23	SH753	HDT-3	EVA
产地	中国	中国	德国	意大利
工艺制造能力/（kg/h）	2000	2700～3200	2700	2000
进料梗丝丝含水率/%	33～37	（35～40）±1	36	35
进料梗丝温度/℃	－	（45～48）±3	/	/
输出梗丝含水率/%	12～14	12～14	12～14	12～14
输出梗丝温度/℃	60～65	≤80±3	70～90	70
填充值/（cm³/g）	≥6.5	≥6.5	≥6.5	≥6.5

续表

型 号	SH23	SH753	HDT-3	EVA
产地	中国	中国	德国	意大利
热风工作温度范围/℃	170~220	170~230	150~350	125~275
焚烧炉输出温度范围/℃	200~240	<350	/	/
加热方式	燃油/气间接加热	燃油间接加热	天然气/燃油直燃	柴油/天然气直燃
尾气排放量/（m³/h）	≤3500	4000	2900	5100
装机容量/kW	140.5	297.2	167	152
蒸气 压力/MPa	0.8	0.8	0.8~1.0	1.25
蒸气 耗量/（kg/h）	900	1500	1400	970
压缩空气 压力/MPa	0.6	0.6	0.6~0.8	0.6
压缩空气 耗量/（m³/h）	6	0.15	/	2
模拟水 压力/MPa	0.3	0.3	/	0.4
模拟水 耗量/（L/h）	350	600	/	800
清洗水 压力/MPa	0.3	0.3	0.4	0.4
清洗水 耗量/（L/h）	500	1200	355	6000
0#柴油 压力/MPa	0.02~0.1	0.1~0.3	0.05~0.15	0.25
0#柴油 耗量/（L/h）	65	150	91	125
外形尺寸（长×宽×高）/mm	17680×9700×7800	29918×13009×7255	9750×7200×9400	14000×9200×11800
整机重量/kg	65000	65000	/	/

18. 白肋烟烘焙机

型号	SB146A	SB155
产地	中国	中国
工艺制造能力/（kg/h）	1500	1000
干燥段热风温度/℃	120~150	100~150
冷却段风温/℃	35~45	35~45
回潮段风温/℃	40~75	60~70
冷却段物料含水率/%	6~9	8~10
出料含水率/%	16~18	14~18
出料含水率允差/%	±1	±1

续表

型号		SB146A	SB155
出料温度/℃		50~65	45~60
水（清洗）	压力/MPa	0.3~0.6	0.3~0.6
	耗量/（kg/h）	1500	400
压缩空气	压力/MPa	0.6~0.8	0.6~0.8
	耗量/（m³/h）	20	9
蒸汽	压力/MPa	1.0~1.2	1.0~1.2
	耗量/（kg/h）	3500	1700
装机容量/kW		96	54.02
外形尺寸（长×宽×高）/mm		36600×5140×4600	27607×4990×4654

19. 滤棒成型机

型号	ZL26	ZL29	KDF4	DF10
产地	中国	中国	德国	德国
工艺制造能力/（m/min）	600	600	600	2×500
滤棒长度/mm	64~150	100~144	60~150	70~150
滤棒直径/mm	6.0~9.0	7.6~7.79	6.0~9.0	5.4~8.0
额定功率/kW	40	40	40	40
压缩空气/bar	≥6	≥6	≥6	≥6

20. 卷烟机

型号	ZJ17	ZJ118	ZJ112	ZJ116	PROTOS-M5	PROTOS-M8
产地	中国	中国	中国	中国	德国	德国
工艺制造能力/（支/min）	7000	8000	10000	16000	12000	20000
烟条最大线速度/（m/min）	490	560	700	2×560	2×420	2×700
卷烟长度范围/mm	74~100	65~100	65~100	65~100	69~100	80~89
烟支长度范围/mm	50~90	50~90	50~90	50~90	49~75	50~70
烟支直径范围/mm	5.9~10.0	7~9	7~9	7~8.4	7.0~8.4	7~7.79

续表

型号	ZJ17	ZJ118	ZJ112	ZJ116	PROTOS-M5	PROTOS-M8
烙铁温度/℃	250（可调0~400）	280（可调0~400）				
压缩空气压力/MPa	0.6~1	0.6~1	0.6~1	0.6~1	0.6~1	0.6~1
功率/kW	44.5	43	44	59	55	92
重量/kg	8500	113200	10228	17000	20000	23500

21. 硬盒包装机

型号	ZB45	ZB47	ZB48	GDX6	FOCKE FX-2
产地	中国	中国	中国	意大利	德国
额定生产能力/（条/min）	40	55	80	60	70
卷烟规格					
a直径范围/mm	7.8	7.0~8.4	7.0~8.4	6.7~8.4	7.0~8.4
b长度范围/mm	84/100	84/100	70~100	70~100	70~100
卷烟排列形式/常规	7-6-7	7-6-7/7-7-6	7-6-7/7-7-6	7-6-7/7-7-6	7-6-7/7-7-6
烟包规格尺寸范围					
a长/mm	87.5/102.5	73.0~103.0	73.0~103.0	70.0~105.0	73.0~103.0
b宽/mm	56.0	40.0~61.0	40.0~61.0	40.0~70.0	40.0~61.0
c高/mm	23.5	17.0~26.0	17.0~26.0	16.0~25.0	17.0~26.0
条盒规格尺寸范围（二五平包包装形式）					
a长/mm	282.5	202.0~307.0	202.0~307.0	160.0~320.0	202.0~307.0
b宽/mm	89.5/103.5	74.0~104.0	74.0~104.0	72.0~105.0	74.0~104.0
c高/mm	49	35.0~53.0	35.0~53.0	23.5~80.0	35.0~53.0
电气系统额定功率/kW	27.4	68.5	57	52.5	
净重/kg	14060	19800	23000		
机组噪声/dB（A）	≤85	≤85	≤85	≤77	≤77
压缩空气耗量/（m³/h）	≤100	≤45	≤47	160	160

22. 软盒包装机

型号	ZB25	ZB28	GDX6S	FOCKE FXS
产地	中国	中国	意大利	德国
额定生产能力/（条/min）	40	60	60	70
卷烟规格				
a直径范围/mm	7.8	7.0～8.4	7.0～8.4	7.8
b长度范围/mm	84/100	70～100	70～100	84
卷烟排列形式/常规	7-6-7	7-6-7	7-6-7	7-6-7
烟包规格尺寸范围				
a长/mm	86.0/102.0	73.0～103.0	70.0～103.0	86.0
b宽/mm	54.5	40.0～61.0	50.0～58.8	53.5
c高/mm	22.5	17.0～26.0	20.0～25.0	21.7
条盒规格尺寸范围（二五平包包装形式）				
a长/mm	274.0	202.0～307.0	260.0～295.0	268.0
b宽/mm	87/103.5	74.0～104.0	71.0～104.0	87.0
c高/mm	46.5	35.0～53.0	41.0～51.0	44.0
电气系统额定功率/kW	19.1	57	40	42
净重/kg	9000	23000	22000	
机组噪声/dB（A）	≤85	≤85	≤80	≤80
压缩空气耗量/（m³/h）	≤80	≤47	160	160

23. 装封箱机

型号	YP11A	YP18	YP18B	YP112
产地	中国	中国	中国	中国
工艺制造能力/（件/min）	5.5	6	6	3
额定功率/kW	8.6	8.6	8.6	6.5
压缩空气消耗量/（L/min）	2.5	10	10	20
压力/MPa	0.6	0.6	0.6	0.6
负压流量/（m³/h）	40	40	40	40

续表

型号	YP11A	YP18	YP18B	YP112
最大包装规格 （长×宽×高）/mm	610×260×470	610×260×470	610×260×470	610×260×470
最小包装规格 （长×宽×高）/mm	280×230×440	280×230×440	280×230×440	280×230×440
净重/kg	2500	3200	3300	2400
入口高度/mm	710±5	710±5	710±5	710±5
出口高度/mm	810±5	810±5	810±5	810±5

附录I

《卷烟工艺规范》修订说明

《卷烟工艺规范》（2003版）（以下简称原《规范》）自发布实施以来，对进一步推动我国卷烟制造工艺技术进步、卷烟产品质量提高、卷烟原料使用价值提升与使用范围拓宽等方面起到了重要作用。正是原《规范》的推动和新的技术进步，卷烟生产在工艺理念和技术装备等方面发生了较大的变化，有必要对原《规范》进行修订，以更好地满足行业发展需求。

一

（一）原《规范》的重要作用

原《规范》颁布实施之时，行业卷烟加工技术装备达到当时国际先进水平，工艺技术手段进一步多样化，出现个性化、特色化应用趋势；生产规模较大，自动化水平较高；卷烟生产物理质量处于较高水平，原料消耗较低。但是，卷烟生产过程控制及质量稳定性水平有待进一步提高，原料使用价值有待充分发挥，卷烟工艺对卷烟产品感官质量水平的提升作用有待进一步强化。十多年来，通过原《规范》的颁布实施，理顺了设备、工艺、产品三者之间的关系，强化和实现了设备为工艺服务、工艺为产品服务的思想；促进了行业工艺技术由引进、消化吸收向自主创新转变，推动了卷烟生产工艺技术水平提升与流程优化再造，特色工艺精细化加工、智能化控制技术得以实现与发展，水平不断提升，功能化、个性化技术装备不断涌现，并得到应用；卷烟产品风格特征得到一定程度彰显，卷烟产品质量与稳定性得到进一步提升，卷烟质量抽检合格率达到100%，卷烟焦油量平均降至11.0mg/支以下，卷烟批内焦油量控制在0.9mg/支以下，原料消耗控制在6.9kg/万支（标准规格）以下，卷烟原料使用价值提升，使用范围拓宽。

原《规范》的颁布实施，对我国卷烟制造工艺技术进步和水平提升起到了推动作用，其中倡导的一些技术理念和实施的技术内容，在新版《卷烟工艺规范》制订过程中，仍值得借鉴传承和深化完善。

（二）原《规范》修订的必要性

1. 行业发展的新需求，对卷烟工艺的指导思想和主攻任务提出新的方向

原《规范》强调卷烟产品感官质量的提高，兼顾物理质量的稳定与提升，凸显工艺对产品感官质量的贡献，满足卷烟产品生产"优质、低耗、高效、安全"的要求；强调加工过程的控制，注重工艺控制(管理)"由结果控制向过程控制、由控制指标向控制参数、由人工控制向自动化控制"的转变；强调工艺自主创新，注重引导工艺技术进步由引进、消化吸收向自主创新的转变。原《规范》提出的指导思想和主攻方向的贯彻实施，使我国卷烟工艺技术水平上升到一个新台阶，对行业发展起到了较好支撑作用。新的发展阶段，行业发展面临新的形势和新的要求，除了继续坚持原《规范》的一些指导思想和主攻方向之外，必须坚持以品牌发展为中心，要把彰显品牌特色、提升产品品质、保障知名品牌原料需求、实现大品牌多点生产等方面作为新的出发点和落脚点，继续创新工艺理念，突破关键技术，全面提升卷烟生产"优质、高效、低耗、安全、环保"水平，支撑行业卷烟品牌持续、稳定、健康发展。

2. 新工艺、新技术的出现和应用，实现了卷烟生产加工流程的再造、技术方法的创新

以原料分组加工、均质化加工为代表的精细化加工技术和系统化设计技术的研究不断深入，形成了成套的技术成果，并在卷烟生产企业得到广泛应用，推动了卷烟生产加工的流程发生了重大变化。同时，产生了大量新的加

197

工技术与方法，形成了一批具有自主知识产权的专利技术和设备，显著提高了卷烟的内在品质，明显增强了产品质量的稳定性和一致性。譬如，分组加工技术、均质化加工技术、叶丝加料技术、造纸法再造烟叶制丝技术等，这些创新技术，在原《规范》中体现不够充分或者没有涵盖，有必要补充和完善相关技术内容。

3. 现代信息与物流技术的广泛深入应用，推动了卷烟生产加工控制智能化水平和生产管理水平的进一步提升

随着卷烟企业资源规划系统（ERP）、卷烟生产制造执行系统（MES）、统计过程控制系统（SPC）、生产流程仿真模拟及现代物流技术等现代信息和物流技术的开发与集成应用，形成了适合我国卷烟生产企业的具有自主知识产权的技术，实现了卷烟生产加工的智能化，提高了卷烟企业生产组织调度的管理水平，稳定和提升了卷烟产品加工质量水平和控制能力。现代信息与物流技术，在原《规范》中很少体现，有必要充实这部分内容。

4. 卷烟生产工艺技术水平及产品质量水平显著提高，上升到了新的水平

在原《规范》主要技术理念及指导思想推动下，在卷烟生产过程中，形成并应用了大批创新工艺技术，进一步彰显了卷烟品牌风格特色，显著提高了卷烟质量水平，明显提升了产品质量稳定性和一致性，拓宽了烟叶原料使用范围，原《规范》的一些技术经济和质量指标要求已不能适应现在和将来的需要，有必要进行完善和补充。同时，要对技术理念、技术方法及技术经济指标进行前瞻性的展望。

（三）《卷烟工艺规范》修订思路

通过行业卷烟工艺发展现状和发展趋势分析，以及行业卷烟工业企业、打叶复烤企业调研，在充分征集行业技术、管理、生产等相关方面意见和建议基础上，确定了《卷烟工艺规范》修订思路。

1. 《卷烟工艺规范》修订指导思想

以品牌发展为中心，以提升"原料使用价值、产品品质和品牌价值"为

目标,以提高"三化"(精细化加工、智能化控制、系统化设计)水平为途径,强化资源有效利用、质量成本控制、安全风险防范,突出精益工艺、特色工艺、自主创新,全面提升卷烟生产"优质、高效、低耗、安全、环保"水平,支撑品牌发展。

2.《卷烟工艺规范》修订内容

涵盖打叶复烤、制丝加工、卷接包、滤棒成型等主要卷烟生产过程,并对烟用材料的要求和使用进行规范。与原《规范》相比,增加工艺设计、工艺管理内容,工序工艺向前延伸到打叶复烤,并进一步丰富卷接包过程的工艺内容。

3.《卷烟工艺规范》修订原则

总体原则:体现工艺技术进步的先进创新成果;体现今后一定时期行业品牌和科技的发展趋势;体现现代物流技术、信息技术的应用。

具体原则:处理好加工工艺流程的个性化和包容性之间的关系;处理好继承和创新之间的关系;处理好指导性、引导性和指令性之间的关系;处理好与原《规范》的有机衔接;处理好内容和层次之间的关系;处理好与相关规范标准等技术文件之间的关系。

二

在《卷烟工艺规范》修订与编写研讨基础上,《卷烟工艺规范》编写小组进行了现场测试和调研,结合相关研究成果,通过多种形式的研讨与验证,经过反复修改和完善,形成了本版《卷烟工艺规范》。

(一)前期策划,确定方向

2013年开始,国家烟草专卖局有关管理部门开始酝酿实施《卷烟工艺规范》修订工作,组织相关技术人员进行了多次研讨,分别对《卷烟工艺规范》修订的指导思想、基本原则、总体目标、实施过程及计划进度等,进行了梳理和规划。

在充分沟通和研讨基础上，形成了《〈卷烟工艺规范〉修订实施方案》（初稿），并根据有关方面对《〈卷烟工艺规范〉修订实施方案》（初稿）内容的建议和意见，进行了补充和完善，形成了《〈卷烟工艺规范〉修订实施方案》（讨论稿）。2014年3月，召集来自上海烟草集团、红塔集团、红云红河集团、湖南中烟、湖北中烟、福建中烟、广东中烟、浙江中烟、河南中烟、川渝中烟等十余家单位的工艺专家，围绕《〈卷烟工艺规范〉修订实施方案》（讨论稿）进行了技术研讨。通过与国家烟草专卖局有关管理部门进行多次沟通，确定了新版《卷烟工艺规范》修订的指导思想、基本框架和需要处理协调的技术问题等内容。

（二）制定方案，成立组织

根据前期确定的指导思想和基本框架，组织技术人员拟定了《〈卷烟工艺规范〉修订工作大纲》（讨论稿）和《〈卷烟工艺规范〉框架提纲》（讨论稿）。2014年5月，组织召开了来自行业有关管理部门、十余家中烟公司及郑州烟草研究院的工艺技术人员30余人参加的《卷烟工艺规范》修订工作研讨会，标志着《卷烟工艺规范》修订工作正式启动。此次会议进一步统一了《卷烟工艺规范》修订基本思路；研讨确定了《卷烟工艺规范》修订编写框架提纲和基本内容；安排部署了《卷烟工艺规范》修订的进度计划和任务分工；成立了《卷烟工艺规范》修订的领导小组、工作组和编写组。

（三）调研测试，起草编制

启动会之后，编写组根据《卷烟工艺规范》修订工作思路，经充分研讨，拟定了编写提纲和各章节拟编写的内容。2014年7月，在郑州召开研讨会，确定了《卷烟工艺规范》编写框架提纲及基本内容。

2014年11～12月，编写组人员分成4个小组进行了现场调研与测试工作。调研测试小组分别对昆明、玉溪、广州、南宁、成都、上海、杭州、南京、长沙、武汉、长春、呼和浩特、北京、合肥、芜湖等15家卷烟工业企业，华环、天昌、武夷、楚雄卷烟厂复烤车间等4家复烤企业，针对工艺流程、工序设置、技术参数、工序工艺质量标准、设备性能、过程控制、在线检测指标、技术经济指标、工艺管理等方面，进行了现场资料调研和测试工作。调研测试之后，编写组根据前期确定的编写框架提纲及基本内容，进行《卷烟工艺规范》具体内容的编写工作。

2015、2016年间先后4次对《卷烟工艺规范》初稿进行了研讨，并对研讨提出的问题和建议，进行了不同形式的补充调研测试和验证工作，形成了《卷烟工艺规范》初稿。

（四）初稿审查，组织验证

2016年5月，邀请国内部分工艺技术人员和管理人员对《卷烟工艺规范》初稿进行了交流和研讨。会议之后，编写组成员分别在成都、新郑州、厦门、龙岩、南宁等卷烟厂，对《卷烟工艺规范》初稿的具体内容进行了再次验证工作。

2016年7月，编写组根据生产验证的结果修订了部分参数指标，形成了《卷烟工艺规范》专家论证稿。

（五）专家论证

2016年11月，通过了专家论证。专家组认为，通过调研测试、工艺验证、修改完善，形成的新版《卷烟工艺规范》是对多年来工艺发展的技术成果的系统化集成，是相当长时间内指导卷烟生产的普遍性规范文件，将进一步引领我国卷烟工艺技术的发展，对进一步彰显产品风格特征，提升产品品质，提升企业精益制造水平，增强中式卷烟的核心竞争力，提升行业整体实力，具有重要支撑作用。

三

本版《卷烟工艺规范》（以下简称本《规范》）在贯彻修订思路精神的同时，突出了以下工艺思想和技术理念。

1. 树立以卷烟产品为中心的思想

本《规范》强调以卷烟产品为出发点，以满足产品需求为目标，工艺设计、工艺加工、工艺管理的出发点和落脚点是产品。如，工艺设计的目标和原则、设计依据确定、加工方法选择、工艺流程设置要求均围绕产品特征和品质需求进行确定；卷烟加工关键工序工艺任务增加了工艺要满足产品设计要求、感官质量、突出风格等相关内容；卷烟加工关键工序技术要点中增加了加工方式和技术条件的选择，应围绕产品风格和品质确定；工艺管理职责明确提出彰显品牌风格特征是工艺管理的主要任务之一，强调工艺加工环节对品牌风格特征的贡献度。

2. 形成系统化和大工艺理念

强调有机协调产品开发、工艺设计、工艺加工、工艺管理之间的相互关系，充分发挥上下游技术和管理的协同作用，提升企业工艺制造力。在《规范》内容总布局上体现了大工艺理念，新增工艺设计、打叶复烤、工艺管理、过程检测与测试等章节，涵盖卷烟生产的设计、加工、管理等全过程。工艺设计环节强调系统化，强调工艺设计各项内容的综合平衡和系统优化，统筹考虑打叶复烤、制丝、卷接包等上下游工艺。工艺加工过程强调协同作用，如：在打叶复烤环节强调对原料香气的保持；在烟片回潮、烟片加料、叶丝加料、叶丝干燥以及烟丝加香工序，对产品的风格特征和感官质量提出针对性改善的要求。强调工艺设计、加工、管理的协同作用，工艺设计以卷烟产品设计要求为目标制定工艺参数，根据工艺任务和工艺参数，确定设备类型和型号；工艺管理按重要程度将参数分类，提出不同类别参数的监测和控制要求；工艺加工在质量要求、设备性能和技术要点中，对不同类别参数提出不同要求。

3. 强调充分发挥原料使用价值

原《规范》对"充分发挥原料使用价值"的要求，主要定位于"通过提升原料品质，达到改善产品质量目的"。本《规范》则定位于"拓宽烟叶使用范围，提升企业规模化与精细化加工水平"，并明确提出通过"深化配方打叶与分组加工技术的应用"来实现，提出以配方打叶、分组加工为手段，实现卷烟原料和卷烟产品加工的规模化和精细化。

4. 强化质量成本控制

本《规范》对加工工艺、技术设备、管理方法、参数指标等方面的选择与设置，不刻意强调先进性，更加注重适用性，引导企业选择适合品牌需求的卷烟生产加工技术和装备，采用适合企业自身需求的工艺与质量管理方法，提升企业精益制造水平。如：工艺设计方面，设计原则要兼顾加工质量和加工成本，简化生产流程，减少制造单位产品的投入；以适用性和经济性为原则，积极采用先进成熟的新工艺、新技术、新设备；加工方法选择，强调生产运行成本是选择加工方法的重要考虑因素。工艺加工方面，强调简化流程，在保证质量前提下，不提出过高的精度和指标要求。工艺管理方面，更加注重"优质、高效、低耗"，注重以产品质量为导向，通过管理策划与设计、设备性能保障及精益管理思想与工具的应用，在保障优质的前提下实现高效、低耗。

5. 体现深化过程控制

要深化原《规范》提出的"控制指标向控制参数转变、结果控制向过程控制转变、人工控制经验决策向自动控制科学决策转变"的"三个转变"理念，进一步优化工艺参数与质量指标设计，提高过程质量的稳定性、均匀性、协调性和一致性。如：增加成熟的在线检测、减少人工检测，增加检测项目；拓宽关键设备工艺性能点检范围和内容；引导企业运用现代信息、控制技术建立生产执行系统、生产管控系统等，实现卷烟生产智能化控制、数字化管理。

6. 加强工艺质量风险评估和控制

本《规范》更加强调对质量风险的预防，减少质量缺陷的发生，提出了风险评估、风险控制、异常处置的一般方法和流程。风险评估，提出了风险识别的任务、方法及需要考虑因素，以及风险分析的工具、方法、周期的选择与应用。风险控制，提出了降低风险的技术措施和管理措施。异常处置，提出了异常分类、异常处理、纠正预防等的流程和方法。

7.突出特色工艺和自主创新

本《规范》更加突出特色工艺和自主创新，在流程设置、设备选型、工艺加工等方面，兼顾多元化和包容性。如：工艺流程设置不强调或推荐某一种加工模式，强调根据产品特点进行选择；关键工序加工设备选择不强调或推荐某一类型设备，重点关注工艺任务和质量要求的完成能力；工艺加工部分，围绕核心工艺任务，重点关注工艺目标和产品需求，兼顾各种加工方式的处理效果，提出包容性更强的质量要求、设备性能和技术要点。

四

（一）章节内容调整

（1）新增"工艺设计"章节。该章节涵盖了卷烟工艺设计的各个环节，主要涉及目标与原则、设计依据确定、加工方法选择、工艺流程设置、生产线配置与制造能力核定、工艺参数制定、工艺设备选型、通用条件确定、智能管控系统构建等方面的原则要求和具体技术内容。

（2）新增"打叶复烤"章节。该章节涉及工序设置及具体要求，工序设置14个，分别为原烟接收与挑选，备料，真空回潮，铺叶、切断或解把，润叶，烟叶分选，叶梗分离，贮叶配叶，烟片复烤，烟片包装，烟梗复烤，烟梗包装，碎片复烤和包装，凉箱（包）；对工序加工工艺任务、来料标准、质量要求、设备性能、技术要点等具体内容做出了要求。

（3）新增"工艺管理"章节。该章节对工艺管理职责、工艺参数与指标管理、工艺条件保障、工艺质量风险控制、工艺消耗控制、工艺监督与检查、工艺评价与改进等内容进行规范。

（4）"滤棒成型"章节修订为"滤棒成型和复合"。

（5）"卷接包装"章节，在原《规范》基础上丰富了卷接包工艺对卷烟品质提升作用方面的技术内容。

（6）"过程检测"章节修订为"过程检测与测试"。在原《规范》"过程检测"、"关键设备工艺性能点检"等基础上，进行有机合并、修订与完善，涵盖了打叶复烤、制丝、卷包及滤棒成型加工过程的在制品质量检测、在线仪器仪表校验、设备工艺性能点检和经济指标测试等内容。

（二）工序设置调整

（1）"烟片处理"章节。新增"片烟醇化"、"真空回潮"、"烟片除杂"工序；"切片"工序修改为"分片"工序；"烟片预配"工序修改为"烟片混配"工序。

（2）"制叶丝"章节。新增"叶丝加料"工序；将原《规范》"叶丝增温增湿"和"叶丝干燥"工序，合并为"叶丝膨胀干燥"工序。

（3）"制梗丝"章节。将原《规范》"筛分与回潮"工序，拆分为"筛分与除杂"和"烟梗回潮"工序。

（4）"掺配加香"章节。将原《规范》"比例掺配"工序，修订为"烟丝掺配"工序。

（5）"滤棒成型和复合"章节。新增"贮存固化"、"滤棒复合"、"滤棒发送"工序。

（三）工艺指标调整

1.调整依据

（1）原《规范》。

（2）"中式卷烟制丝生产线重大专项"技术成果。

（3）"七匹狼"、"芙蓉王"、"云烟"、"中华"、"双喜"、"贵烟"、"红塔山"、"黄金叶"等品牌专用制丝生产线测试结果。

（4）昆明、玉溪、广州、南宁、成都、上海、杭州、南京、长沙、武汉、长春、呼和浩特、北京、合肥、芜湖等卷烟厂，华环、天昌、武夷、昆明、三门峡、诸城等复烤厂以及楚雄卷烟厂复烤车间调研测试结果。

（5）相关课题研究技术成果。

2. 指标调整

（1）新增指标

①在制品质量指标：复烤后烟片结构、装箱后烟片批内含水率极差、装箱后烟片批内烟碱变异系数、装箱后烟片箱内密度偏差率（DVR）、装箱后烟片叶含梗率、装箱后烟梗结构、物料流量变异系数、瞬时加料（香）比例变异系数、填充值允差、叶含梗率、松散率、回透率、叶丝纯净度、叶片形状系数、含细梗率、含梗拐率、切叶（梗）丝合格率、滤棒成型度、烟用材料端面平整、烟支烟丝密度分布、含签烟支率、含签烟支数、醇化后片烟质量要求、醋纤沟槽滤棒质量指标、滤棒压降标准偏差、烟用材料补充质量要求指标等。

②产品质量指标：烟支吸阻标准偏差、烟支硬度标准偏差等。

③设备性能指标：除杂设备性能指标、切丝宽度可调范围、叶丝加料工序相关指标、非稳态时间、醋纤沟槽滤棒设备性能要求、滤棒物理指标工序能力指数、烟支物理指标工序能力指数。

④经济指标：主要设备有效作业率、生产线综合有效作业率、打叶复烤叶片损耗率、干头干尾率（量）、打叶复烤成品得率、打叶复烤出片率、打叶复烤出梗率、出梗丝率、出叶丝率、出烟丝率、卷包原料损耗率、卷包残烟量等。

（2）修订指标 包括含水率，温度，烟梗结构，烟（叶、梗）丝结构，烟支焦油量、烟碱量波动，切丝宽度，整丝率变化率，整丝率降低，卷烟制丝、卷接包总损耗率，万支卷烟原料消耗，烟用材料损耗率等。

（3）删除指标 包括物料流量波动、叶丝弹性等。

（4）主要工艺质量和技术经济指标调整 见附表I。

附表I 主要工艺质量和技术经济指标调整

项 目		原《规范》	本《规范》	备注
复烤后 叶片结构	>25.4mm×25.4mm	无	<40.0%	
	>12.7mm×12.7mm	无	≥80.0%	
	<2.36mm×2.36mm	无	<0.5%	
装箱后烟片批内含水率极差		无	≤1.0%	
装箱后烟片批内烟碱变异系数		无	≤5.0%	
烟片装箱后箱内密度偏差率（DVR）		无	≤8.0%	
装箱后烟片叶含梗率		无	≤1.5%	
装箱后 烟梗结构	>20mm	无	≥85.0	
	<6mm	无	<5.0	
叶丝碎丝率		≤3.0%	≤2.0%	
梗丝碎丝率		≤3.0%	≤2.0%	
烟丝碎丝率		≤3.0%	≤2.0%	
批内 填充值允差	梗丝、膨胀叶丝	无	≤0.5cm^3/g	
	叶丝、烟丝	无	≤0.3cm^3/g	
烟支重量标准偏差		≤23mg	≤21mg	
烟支吸阻标准偏差		无	≤40Pa	
烟支硬度标准偏差		无	≤2.5%	
烟支密度		≤240mg/cm^3	≤235mg/cm^3	
端部落丝量		≤4.0mg/支	≤8.0mg/支	
批内焦油量波动值		1.5mg/支	1.0mg/支	
批内烟碱量波动值		0.2 mg/支	0.15 mg/支	
打叶复烤叶片损耗率		无	≤5.0%	

续表

项 目	原《规范》	本《规范》	备注
万支卷烟原料标准消耗	≤7.7kg	≤6.9kg	原《规范》烟支标准规格为（64mm+20mm）×24.5mm，本《规范》烟支标准规格为（59mm+25mm）×24.3mm
卷烟纸损耗率	≤2.0%	≤1.5%	
滤棒损耗率	≤1.5%	≤1.0%	
接装纸损耗率	≤2.0%	≤1.5%	
商标纸损耗率	≤1.0%	≤0.5%	
主要设备有效作业率	无	≥95%	
生产线综合有效作业率	无	≥85%	

五

（1）烟用材料质量要求作为附录提出，企业应根据自身情况和要求，确保进入加工过程烟用材料质量。基本质量要求应以最新版的国家标准和行业标准为基准，并且从确保烟用材料上机适用性、保证卷烟感官质量稳定、保持产品一致性的角度出发，制定本企业使用的烟用材料质量要求。

（2）工艺设计章节内容，强调产品是工艺设计的出发点和落脚点。企业应将工艺设计纳入卷烟产品设计之中，同时，企业应按照工艺设计要求，确定技术改造方案。

（3）打叶复烤章节内容，注重从卷烟工业企业和卷烟产品需求出发，围绕着烟叶的规模化、均质化、纯净化以及香气保持，提出了具体要求，从指标引导的角度，推动打叶复烤企业的技术进步。

（4）工艺管理章节提出了基本职责和要点，各企业可根据自身情况，制定相应配套工艺技术文件，便于工艺管理工作的顺利开展，保证卷烟工艺技术的有效实施。

（5）在本《规范》中，列出了部分可选工艺或工序，各企业可根据实际需要进行选定。

（6）本《规范》更加突出特色工艺和自主创新，工艺技术兼顾个性化和包容性，不强调或推荐某一种加工模式的工艺流程设置，不强调或推荐某一类型关键工序加工设备选择，拓宽了设备性能指标范围和技术要点的控制范围，以满足不同产品的需求。

（7）行业卷烟产品不断发展，工艺技术应实时跟进，满足卷烟产品发展需要。如细支卷烟处于培育阶段，工艺技术研发正在开展，因此，本《规范》对细支卷烟的加工工艺技术、质量指标要求、经济指标要求等未作特殊规定，卷烟企业可根据常规卷烟的要求和细支卷烟的特点，研究制定相应的技术文件。

附录 J

工艺流程图

打叶复烤工艺流程图

烟叶预处理

原烟 → 接收挑选 → 备料 → 真空回潮 → 铺叶切断 → 混配暂存 → 定量喂料 → 热风润叶 ● ■ → 杂物剔除 ● ■ → 定量喂料 → 热风润叶 ●

打叶去梗

金属探测 ● ■ → 刮板喂料 → 叶梗分离 → 筛分

烟梗复烤包装

烟梗 → 刮板喂料 → 烟梗复烤 ● ■ → 烟梗净化 → 筛分 → 烟梗包装 → 凉包 → 入库

烟片复烤包装

烟片 → 光谱除杂 → 烟片加料 → 贮叶配叶 → 刮板喂料 → 烟片复烤 ● → 烟片复烤 ● ■ ▲ → 凉包 → 入库

碎片干燥包装

碎片 → 定量喂料 → 碎片复烤 ● ■ → 筛分 → 碎片包装 → 凉包 → 入库

工序符号说明

必设工序

可选工序

● 水分探测仪
■ 温度测量仪
▲ 化学成分检测

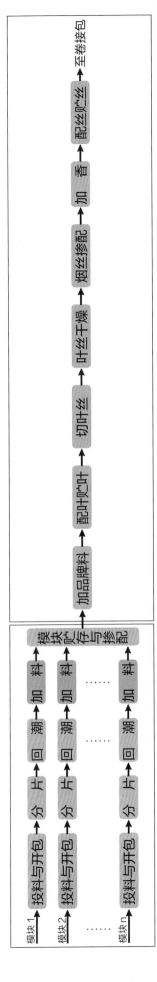

叶片分组加工示意图

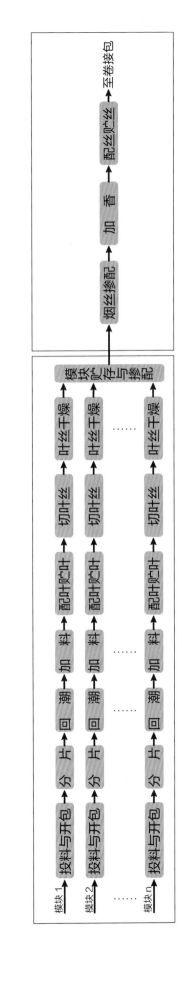

叶丝分组加工示意图